低碳生活

——更健康更环保

黄明哲 主编

中国科学技术出版社

·北 京·

图书在版编目(CIP)数据

低碳生活：更健康更环保／黄明哲主编.--北京：中国科学技术出版社，2013.1（2019.9重印）
（科普热点）

ISBN 978-7-5046-5750-3

Ⅰ.①低… Ⅱ.①黄… Ⅲ.①节能-普及读物 Ⅳ.①TK01-49

中国版本图书馆CIP数据核字（2011）第005536号

中国科学技术出版社出版
北京市海淀区中关村南大街16号 邮政编码:100081
电话:010-62173865 传真:010-62173081
http://www.cspbooks.com.cn
中国科学技术出版社有限公司发行部发行
莱芜市凤城印务有限公司印刷
*
开本:700毫米×1000毫米 1/16 印张:10 字数:200千字
2013年1月第2版 2019年9月第2次印刷
ISBN 978-7-5046-5750-3/TK·15
印数:10001—30000册 定价:29.90元

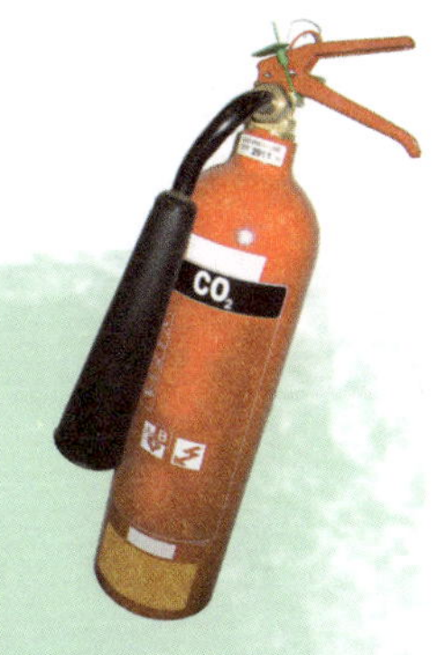

科学是理想的灯塔！

她是好奇的孩子，飞上了月亮，又飞向火星；观测了银河，还要观测宇宙的边际。

她是智慧的母亲，挺身抗击灾害，究极天地自然，检测地震海啸，防患于未然。

她是伟大的造梦师，在大银幕上排山倒海、星际大战，让古老的魔杖幻化耀眼的光芒……

科学助推心智的成长！

电脑延伸大脑，网络提升生活，人类正走向虚拟生存。

进化路漫漫，基因中微小的差异，化作生命形态的千差万别，我们都是幸运儿。

穿越时空，科学使木乃伊说出了千年前的故事，寻找恐龙的后裔，复原珍贵的文物，重现失落的文明。

科学与人文联手，人类变得更加睿智，与自然和谐，走向可持续发展……

《科普热点》丛书全面展示宇宙、航天、网络、影视、基因、考古等最新科技进展，邀您驶入实现理想的快车道，畅享心智成长的科学之旅！

作　者

2011年3月

《科普热点》丛书编委会

策划编辑　肖　叶
责任编辑　郭　璟
封面设计　阳　光
责任校对　王勤杰
责任印制　马宇晨
法律顾问　宋润君

目录

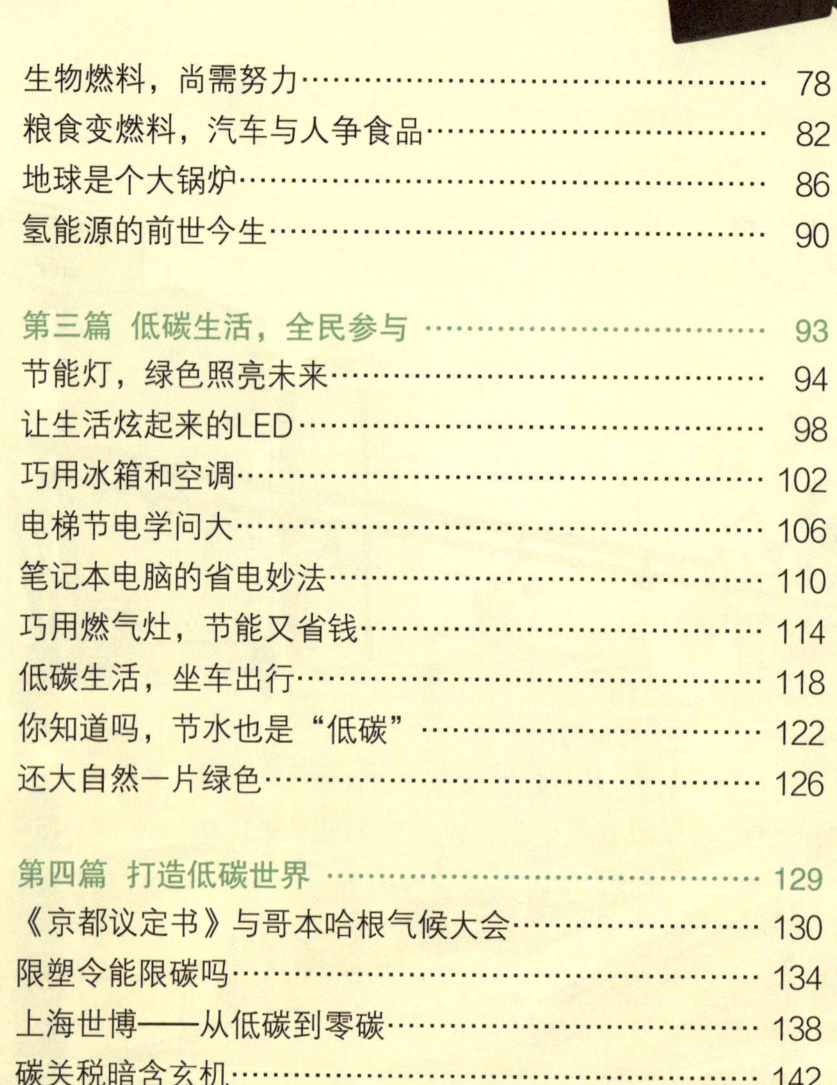

第一篇
地球需要“低碳”

"炭""碳"一家亲

金刚石

是否你也曾搞不清楚"碳"与"炭"的区别?如果是,请别感到沮丧,因为"碳"与"炭"本是一家的"兄弟",令很多人都感到头疼。到底是"二氧化碳",还是"二氧化炭"呢,是"活性碳",还是"活性炭"呢,那么,现在就告诉你正确答案吧。

如果现在在你面前有一张化学元素周期表,那么当你从第一个元素数到第12个元素时,你就看到那个弯弯的"C"了。

没错,它就是碳。

碳是一种常见的非金属元素,它在我们的世界里可谓无处不在。碳单质在常温下化学性质稳定,以金刚石和石墨两种物质最为典型。但是碳比较"不甘寂寞",它还与其他许多物质组成化合物,比如有名的碳水化合物。碳的化合物广泛存在于各种化石燃料中,能提取制成很多用途广泛的材料,如乙烯、塑料等。

除此之外,碳是占生物体干重比例最大的一种元素。碳以二氧化碳的形式在地球上循环于大气层与平流层。 在大多数的天体及其大气层中都存在碳。

什么是高温炼焦

高温炼焦是现代化工业常用的一种提炼方法,是指将各种选洗的炼焦煤按照一定比例混合后放进炼焦炉内进行高温干馏的过程。高温炼焦可以得到焦炭和荒煤气。

碳的发现历久弥新。

同位素碳-14由美国科学家马丁·卡门和塞缪尔·鲁宾于1940年发现。

27年以后，美国科学家加利福德·荣迪尔和尤苏拉·马温又发现了六角金刚石。

1985年，碳化合物富勒烯被发现，还有一系列的碳单质。这可以算是除金刚石和石墨以外的重大发现了。

同在1967年，美国科学家邦迪和卡斯伯在实验室中发现单斜超硬碳。直到2009年，中国科学家李全

▼ 煤炭

和马琰铭在理论上确定了单斜超硬碳的发现。

这样一次次的小发现构成了整个碳的发现史。

而另外一种“炭”也同样拥有自己的精彩历史，可以很自豪地说，炭是由中国创造并流行的。中国使用炭这个字已有两千多年的历史，如木炭、煤炭、竹炭等。后来随着工业的发展，炭这个字渐渐变成了概括的工业性名词，现在一般也用“炭”来表示这种实在的物质，而用“碳”来表示这种元素。

受欢迎的竹炭

竹炭作为一种新兴事物有着其不可比拟的作用，它可以放入水中除去有害物质，可以吸附空气中的有毒物质，甚至可以和米饭一起煮并释放出微量元素和矿物质。

炭的加工常常是靠把木材与空气隔绝实现的。常见的炭的种类有木炭、焦炭、活性炭、炭黑四种。

木炭是最普通的炭，表面呈多孔性结构，但是吸附性比活性炭稍差。

焦炭则是一种很好的燃料，由高温炼焦得到的焦炭用于高炉冶炼、铸造和气化。炼焦过程中产生的经回收、净化后的焦炉煤气既是高热值的燃料，又是重要的有机合成工业原料。

作为优良吸附剂的活性炭，近年来越来越受到人们的欢迎，它利用木炭、竹炭、各种果壳和优质煤等原料，通过物理和化学方法对原料进行一系列工序加工制造而成。具有物理吸附和化学吸附的双重特性，可以有选择地吸附气体、液体中的各种物质，以达到脱色精制、消毒除臭和去污提纯等目的。

炭黑是唯一一种粉末状的炭，经不完全燃烧或分解得到，常用作染料、油墨等。

▲ 木炭

二氧化碳：要以多少论英雄

植物的光合作用能够消耗二氧化碳

温室效应使地球的温度一天比一天高，而造成温室效应的主要气体便是二氧化碳，但是人类还真离不开二氧化碳，我们呼吸会排出二氧化碳，植物光合作用需要二氧化碳，它就像一个美好的梦魇，让人恐惧地喜爱。

我们的每一次呼吸都制造了二氧化碳，它对我们来说熟悉得就如同呼吸一样。

但是我们看不到它，因为它是一种无色无味的气体，密度比空气稍大，位于大气层的下层。我们对二氧化碳之所以熟悉也许是因为三件事：光合作用、温室效应和灭火器。

植物在光的照射下，利用体内的叶绿素，将空气中的二氧化碳吸收进体内并和水一起转化为葡萄糖，同时释放氧气。光合作用分为光反应和暗反应两个阶段，二氧化碳只参与光反应，暗反应则是植物体内一系列酶促反应。在光合作用的过程中，二氧化碳是不可缺少的因素。

温室效应就好像是把地球放在玻璃罩中

聚二氧化碳

利用二氧化碳延伸出来的一种新型材料，以二氧化碳为原材料，让其与环氧化物发生共聚反应，生成脂肪族聚碳酸酯（PPC），经过后处理，就得到二氧化碳树脂材料。聚二氧化碳的耐水解性能很好，而且是可降解的，可以用作环氧树脂、PVC塑料等的增韧剂、增塑剂或加工助剂。

地球表面的二氧化碳本来是地球需要的，它有维持地球体温的作用。可是，当大气中的二氧化碳太多时，地球就好像被罩了一个玻璃罩，地球表面滞留太多热量，变得越来越热。因此，现在人们对二氧化碳谈之色变。其实，完全是人类自身的罪过。二氧化碳本身有什么罪呢？

二氧化碳被称为温室气体。温室气体有效地吸收地球表面、大气本身相同气体和云所发射出的红外辐射；另一方面，温室气体浓度过高时，就导致大气对红外辐射不透明性的增强，这样一来，温度较低、高度较高处向空间散热较多，而温度、高度低的地区散热却较少。这就造成了一

二氧化碳灭火器

种辐射强迫，这种不平衡只能通过地面对流层系统温度的升高来补偿。最后的结果就是温室效应不断强化。

二氧化碳另一个为我们熟知的作用就是灭火。二氧化碳灭火器利用其内部充装的液态二氧化碳的蒸气压将二氧化碳喷出灭火，利用二氧化碳不支持燃烧和密度较大的特点使燃烧因缺氧而终止。

但是二氧化碳还有一些人们不太熟悉的特点和作用。比如固态的二氧化碳又叫干冰，常常被用作制冷剂和人工降雨。在化学工业上，二氧化碳是一种重要的原料，大量用于生产纯碱、小苏打、尿素、碳颜料铅白等。在轻工业上，用高压溶入较多的二氧化碳，可用来生产碳酸饮料、啤酒等。另外，二氧化碳还能用来贮藏食物，由于缺氧和二氧化碳本身的抑制作用，可有效地防止食品中细菌、虫子生长，避免食物变质减少有害健康的过氧化物，并能保鲜和维持食品原有的风味和营养成分。在医学上，二氧化碳还是一种有用的药物，用于急救溺毙或吗啡中毒等。

在低碳生活的概念里，二氧化碳绝对不仅仅是温室气体这么简单而已，二氧化碳一样能为低碳生活创造巨大的价值。

二氧化碳中毒

二氧化碳虽然是呼吸过程中排放的气体，但是在某些情况下它也是非常危险的，这些情况多存在于生产领域，如矿井、油井、酿酒、水果贮藏等。二氧化碳急性中毒主要表现为昏迷、生理反射消失、瞳孔放大或缩小、大小便失禁、呕吐等，更严重者还可出现休克及呼吸停止等。

我们被低碳了

全球变暖逐渐严重

低碳生活，对于我们这些普通人来说是一种生活态度，也成为人们推进潮流的新方式。它给我们带来的不是我们能做什么的问题，而是我们愿不愿意做些什么的问题。少开一盏灯，多爬一次楼，小小的付出也是一种贡献，如果你还没有任何行动，那你就等着被低碳吧。

地球正在发烧，“低碳生活”能否成为一服有效的退烧药呢？

随着全球变暖和温室效应的逐渐严重化，人们对于生存环境产生了从未有过的危机感，于是“低碳”的口号应运而生。

2009年12月哥本哈根气候大会举行，这次会议试图建立一个温室气体排放的全球框架，也让很多人对人类当前的生产和生活方式开始了深刻的反思，虽然会议本身并没有取得实质性进展，但是“低碳”两个字却开始进入人们脑海。

“低碳”在最初是指更低的温室气体（主要指二氧化碳）的排放，但是后来人们逐渐意识到节能更要从生活的细节做起，于是“低碳”成了一种大家推崇的生活方式和生活习惯。

低碳正在“侵蚀”着人们的意识。

低碳族开始兴起。什么是低碳族呢？简单说就是有节能意识并且有所行动的人们。低碳族会把家中灯泡换为节能灯，夏天把空调温度调高2摄氏度，减少收看电视的时间，用洗脸

地球熄灯一小时

该活动由世界自然基金会最先提出，是为了应对全球气候变异的一项倡议活动，在特定的时间内熄灯一小时以表示改善气候的决心与行动，每年有不同的主题，最先于2007年在悉尼展开。

使用节能灯

哥本哈根气候大会全称是《联合国气候变化框架公约》第15次缔约方会议暨《京都议定书》第5次缔约方会议，这一会议也被称为哥本哈根联合国气候变化大会，于2009年12月7~18日在丹麦首都哥本哈根召开。意在讨论并通过《哥本哈根议定书》以代替2012年到期的《京都议定书》。被视为遏止全球变暖的一次很重要的行动。

盆接水洗脸，每天坚持用手洗衣物，能坐公交就不开车等一系列在生活上减少温室气体排放的事情。甚至在食物上，低碳族也会有“要求”，他们很注意烹制的食物和烹制食物的过程是否环保。在烹制食品过程中注意节电和节省煤气，尽量充分利用好电力和天然气。选择食物方面会减少肉食，选择素食，因为生产肉食消耗的能源要远远高于生产蔬菜消耗的能源。

在低碳族的带领下，很多倡导低碳生活的活动也逐渐走进大家的生活。最为人们熟知的就有“地球熄灯一小时”活动和“互联网森林”活动。“互联网森林”活动原计划完成100万棵树的种植工作，到目前为止已超过200万棵，这些虚拟空间里的“小树”最终有可能由企业或个人认购，变成现实中郁郁葱葱的森林。

在低碳族和有环保意识的人们的影响下，我们想不被低碳也难了。而低碳的意义不在于付出了多少钱，或者作了多大的贡献，重要的是改变一些行动的细节，养成良好的社会环保意识。相信随着低碳族队伍的壮大，低碳这一意识会更加深入人心，环保意识也会在潜移默化中被人们接受并加以实践。

选择公共交通工具出行

“绿屋”环游，减碳中国

植被对于气候而言是极其重要的

在中国，年人均二氧化碳排放量2.7吨，但一个城市白领即便只有40平方米居住面积，开1.6升车上下班，一年乘飞机12次，碳排放量也会为2611吨；在中国，每三个小时就会有一种动物或者植物濒临灭绝，即便尽最大的努力，改善环境的速度也赶不上环境被破坏的速度。

零碳中心是一家全球著名的低碳建筑设计和低碳城市规划机构。1999年，一个建筑师和规划师团队设计了世界上第一个零能耗生态村——英国南伦敦贝丁顿社区的零能耗工厂，这个团队就是零碳中心的雏形。2010年，零碳中心设计运营了2010上海世博会伦敦案例零碳馆，向大众直观展示零碳的现实性，在全世界引起了巨大反响。

1998年5月，中国签署《京都议定书》，并于2002年8月核准了该议定书，成为第37个签约国。议定书规定，到2010年，所有发达国家排放的二氧化碳等6种温室气体的数量，要比1990年减少5.2%，发展中国家没有减排义务。在签署该议定书之前，中国的碳排放总量就已经位居全球第二，仅次于美国，但中国却没有减排义务，这对于中国来说到底是挑战呢还是机遇呢？

不管是挑战还是机遇，可以肯定的是，无论议定书是否规定中国的减排义务，我们绿色经济的大方向势在必行，节能减排是必然的。

我们需要一个“低碳中国”。

第一招便是“气候低碳”。2006年底，中国发布了第一份《气候变化国家评估报告》。有了这样的一份报告，人们就能更仔细更敏锐地捕捉到气候变化的“蛛丝马迹”，以及时采取保护措施。同时，植被对于气候来说也是极其重要的。在植树造

风能是低碳能源

林的同时中国正在计划建立“亚太森林恢复与可持续管理网络”。

第二招便是“能源低碳”。2008年，我国成立了清华大学低碳能源实验室，应对工业化和城市化进程中的温室气体排放问题。而一大批低碳经济论坛和低碳网也应运而生，企业的社会责任在这个时期得到了更加广泛的重视。同时，国家出台了相关的政策鼓励新能源的开发与应用，优先开发水力和风力作为可再生能源。

电影《后天》

这是美国福克斯公司出品的一部警示灾难片，该片以温室效应和气候恶化为背景，讲述温室效应造成地球气候异变，全球即将陷入第二次冰河纪的故事。大量的特效和精湛的拍摄技术让人有灾难降临的错觉，然而本片最大的看点还在于它的警示作用和现实意义。

第三招就是“生活低碳”了。这是最重要的一步，也是最难的一步。低碳生活的推行不仅要有这样的意识，更要从日常的生活细节做起。随着低碳生活理念的深入，低碳城市的概念也得到发展，低碳城市目前已成为世界各地的共同追求，很多国际大都市以建设发展低碳城市为荣，关注和重视在经济发展过程中的代价最小化以及人与自然和谐相处、人性的舒缓包容。2008年，中国将上海和保定定为两大低碳城市试点中心。

中国的低碳之路就像《飞屋环游记》中的老爷爷拖着屋子行走一样，每一步都很艰辛，但是希望就在前方。现在我们的“绿屋环游”还只是刚刚踏出了第一步。

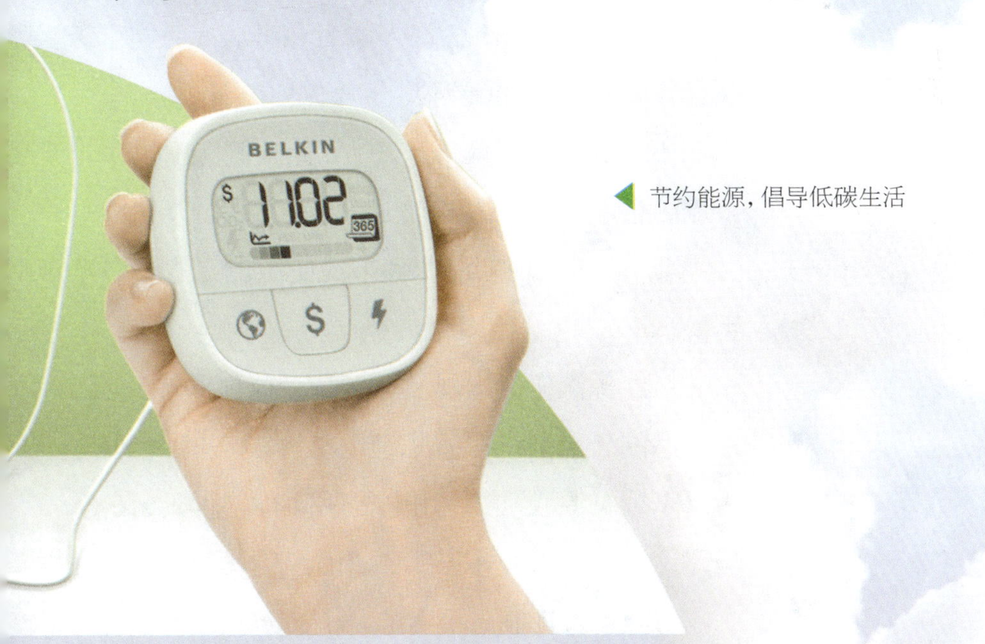

节约能源，倡导低碳生活

“节流”，低碳环保生活的关键

为电动汽车的车载电池充电

在《荀子·富国》中有这样一句话：“百姓时和、事业得叙者，货之源也；等赋府库者，货之流也。故明主必谨养其和，节其流，开其源，而时斟酌焉，潢然使天下必有馀而上不忧不足。”这大概就是“开源节流”一词最初的出处了吧。也许真是荀子有先见之明，现在这成了一个我们要用行动去理解的词。

随着“低碳”两个字的曝光次数不断增加，一方面人们开始逐渐接受这一新理念，但是另一方面争议的声音也开始出现。许多学者相继表示：全球变暖存在巨大争议，低碳不等于环保！

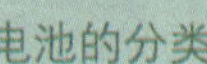

电池的分类

电池有很多种，常用的有干电池和蓄电池，干电池容量较小，而蓄电池电能充足，且放电时电能稳定，但是也会对环境造成很大的污染。此外还有燃料电池、太阳能电池、温差电池、锂电池、核电池等多种，通常是根据产生电流的方式与来源的不同来分类。

不管低碳是否就等于环保，低碳概念中包含的节流的意识却一定是正确的。

要节流，发现新能源和节约使用现有能源一样重要。

新能源汽车的出现便是顺应了这种形势。我们最熟悉的新能源汽车就是纯电动汽车，电动汽车是指以车载电源为动力，用电机驱动车轮行驶，符合道路交通、安全法规各项要求的车辆。其主要结构有电力驱动及控制系统、驱动力传动等机械系统、

▲ 美国通用汽车公司推出的Chevy Volt混合动力车

完成既定任务的工作装置，电力驱动及控制系统是电动汽车的核心，也是区别于内燃机汽车的最大不同点。电动汽车的工作原理也很简单，通过一个大容量的蓄电池，当电流经过电流调节器的时候带动电动机运转，将电能转化为动能，再经过动力传动系统驱动汽车行驶。

目前这种汽车技术还不成熟，而且成本较高，没有合理的方式处理使用过的蓄电池，因此还没有得到推广。但是2006年比亚迪先后展示了F6DM和F3DM双模电动车和F3e纯电动车。长安与加拿大绿色电池生产商伊莱特瓦合作，共同拓展加拿大新能源汽车市场，首推奔奔纯电动版。美国通用汽车公司推出了以电动为主的Chevy Volt混合动力车，Mini Cooper推出了纯电动版，此外，在一些城市专为电动汽车设置的充电站也相继建成，这让我们看到了电动汽车的未来，我们相信这一天一定会到来。

飞轮储能汽车

这是一种自身能够产生动力的汽车，它利用飞轮的惯性储能，储存非满负载时发动机的余能以及车辆长大下坡、减速行驶时的能量，反馈到一个发电机上发电，再用来驱动或加速飞轮旋转。它使能源得到最大效率的使用，但是成本较高。

当然，除了电动汽车以外，我们还有更多的选择，比如生物乙醇汽车，即酒精汽车。千万不要以为这是多么神奇的事情，其实很简单，在汽车上使用乙醇，可以提高燃料的辛烷值，增加氧含量，使汽车缸内燃烧更完全，可以降低尾气有害物的排放，而并不是按照字面理解的那样完全靠燃烧酒精来获得动力，现在福特和丰田等大型汽车公司已经开始试验乙醇汽车。

也许你觉得这些发明在节流这个老生常谈的话题上已经不是奇闻了，那么接下来这种对你一定还存在新鲜和神秘感，它就是物理燃料电池，学名热磁振荡发电技术。它通过对处于磁路中的一段软磁体迅速加热并冷却，使其温度在其居里点上下周期性地振荡，引起磁路线圈中的磁通量周期性地增减，从而感应出连续的交流电。

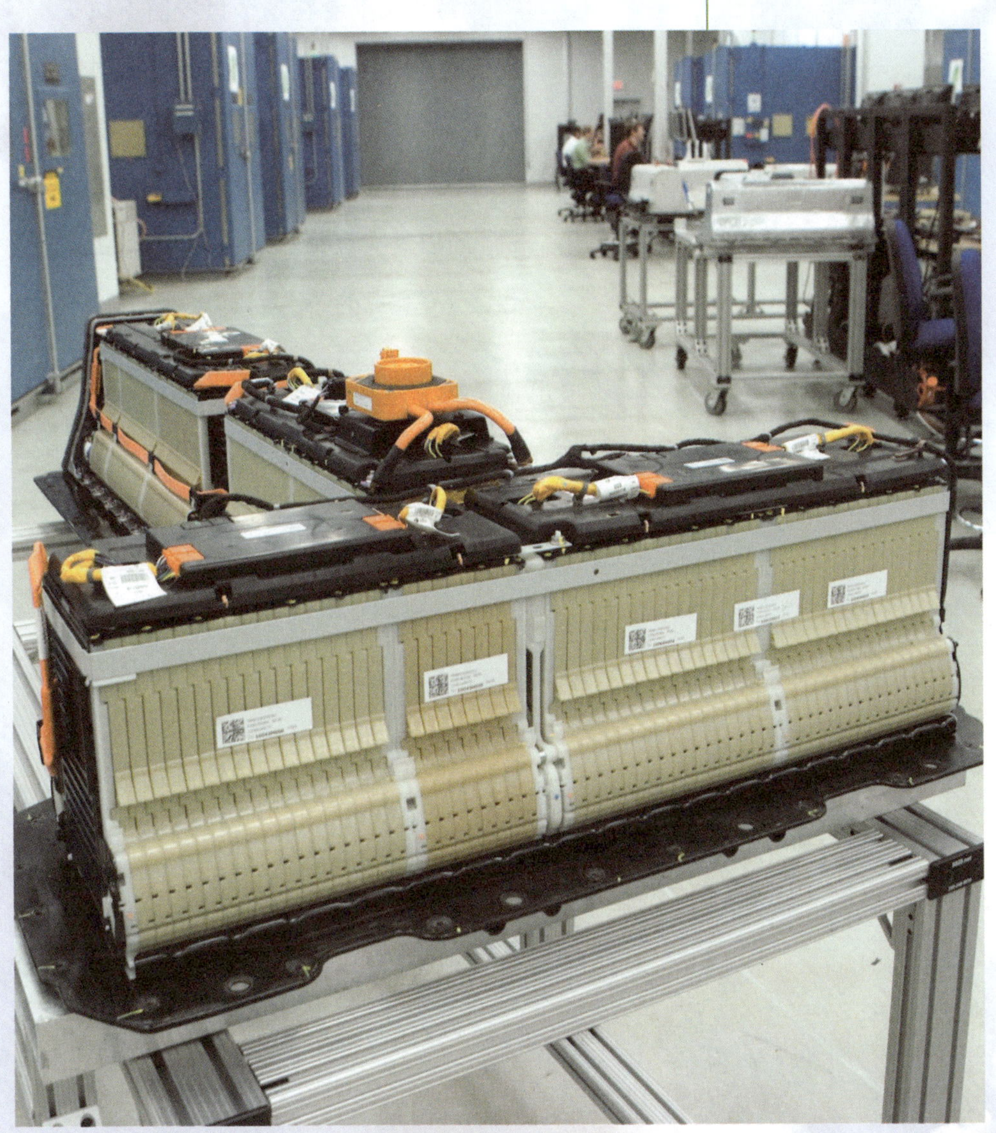

▲ Chevy Volt混合动力车所使用的电池

时刻关注“碳足迹”

飞机在飞行中会释放大量二氧化碳

每个人都会在这个世界留下属于自己的“蛛丝马迹”，就像走路的时候会留下脚印，触摸的时候会留下指纹一样，人们总在不经意间留下自己的痕迹。所以其实在每一次的呼吸间，我们也留下了自己的“碳足迹”。

“碳足迹”并不是与其字面理解的意思一样，它当然不是指碳的脚印，而是指一个人的能源意识和行为对自然界产生的影响，简单地讲就是指个人或企业“碳耗用量”，用足迹的多少来衡量用碳量的多少非常形象。

英国的无碳城市位于英国的阿布达比市郊，占地6平方千米，人口5万左右，连接亚斯岛和拉哈海滩。无碳城市基础设施齐全，设有大型的风力发电、地热能发热、太阳能发电的设施以满足人们的日常需求。整座城市采用自然通风和自然采光，市内没有汽车。但是这座城市投入巨大，目前还处于设计阶段。

碳足迹可以分为第一碳足迹和第二碳足迹。第一碳足迹是指因使用化石燃料等直接排放的二氧化碳量，例如你在为你买到打折机票而津津乐道时，其实就是在增加你的碳足迹，因为飞机会燃烧燃料排放出大量的二氧化碳。所以，现在在英国、德国等国都在倡导减少个人的碳足迹的活动，倡导放弃不必要的飞机出行，而以火车代替短途行程。第二碳足迹是指因使用各种产品和间接产生的碳消耗量。比如使用塑料制品的时候，虽然不会直接产生二氧化碳，但是在生产塑料的过程和处理塑料的过程中都会产生二氧化碳。

碳足迹一词的使用对于个人来说使低碳意识有了一种量化的标准，对于整个社会来说碳足迹使我们更清楚碳的消耗量和二氧化碳的产生量，从而更好地约束自己的行为。碳足迹越少越好。

目前，一系列的碳足迹减量运动已经展开，包括英国的无碳城市活动，美国的能源之星方案等。能源之星方案是美国环保署与民间企业共同发起的自愿参与合作计划，由能源部、环保署、农业部共同领导，包括具体方案50多个。2010年4月，美国环保署推出比之前实施的项目更加严格的住宅能源之星方案。新规定要求新住宅与2009年的国际节能规范（IECC）相比，节约20%的能耗

▲ 倡导短途出行中选择火车

和15%的水电。

这让我们看到了美国在减少碳足迹方面的努力，对于减少碳足迹来说，其实我们能做的有很多。比如尽量不抽烟或者少抽烟，抽烟不仅不利于自身和周围人的身体健康，而且也会增加空气中

1998年10月24日，美国发射了“深空”1号探测器，“深空”1号的动力系统就是利用电子撞击氙气的原子而产生动力的离子发动机，也就是我们说的电火箭。这种发动机的特点是质量小、寿命长。虽然推力很小，但是经过长时间的加速，也可以使航天器达到较高的速度。“深空”1号试验了十多项宇宙飞船的前沿技术，其中包括一个新型的离子发动机，并且在NASA推进实验室的控制下对一个小行星和一个彗星进行了拍照。2001年12月18日结束了它为期3年的使命。

的二氧化碳及有害气体含量；尽量食用有机食物和健康食品，尊重大自然，合理处置垃圾，减少垃圾的焚烧量；节约用电用水等。

碳足迹的提出增强了人们对于气候变暖的紧迫感，科学家们认为这应该深入到从小的教育中，做到减少碳足迹的"无意识化"。

碳足迹涉及的因素有很多，一般自己难以计算，而现在有很多专门计算碳足迹的网站，虽然不是百分之百准确，但也可以大致看出你的碳消耗量所处的水平，碳足迹越大，说明你对全球变暖所要负的责任越大。

▲ 推行垃圾分类，合理处置垃圾

算算你的"碳足迹"

碳足迹可以量化计算

质化研究和量化研究，是社科领域研究中的两种相对的基本范式。上一篇中，我们了解了对"碳足迹"的质化研究的成果，那么，关于"碳足迹"有没有那么一种具体的研究方法，让我们看清它在生活中的"庐山真面目"？量化研究帮了我们这个大忙——不妨计算一下自己的"碳足迹"。

人们希望揭开那些高端人士的伪善面目，特别是那些表面上大力支持环保事业的明星们。由于碳足迹计算器仅需简单数据便可得出结果，因此我们很容易就能算出明星或者政治人物的碳足迹。像麦当娜、汤姆·克鲁斯和大卫·贝克汉姆经常坐飞机往返于世界各地，有时甚至还带着大量随行人员。

众所周知，碳排放是全球变暖的一个重要原因，引起世界各国政府及部分有远见企业的重视。2007年6月20日，英国环境、食品及农村事务部在官方网站发布二氧化碳排放量计算器，让公众可以随时上网计算自己每天生活中排放的二氧化碳量。

计算器将"公众日常消费——二氧化碳排放——碳补偿"的链接直观呈现出来，并按照30年冷杉吸收111千克二氧化碳来计算该种几棵树进行"碳补偿"。其核心理念是转变各种"高碳"生活，倡导"低碳"的生活。

基本公式（二氧化碳排放量:M，单位：千克）：①家居用电的M=耗电度数×0.785；②开车的M=油耗升数×0.27；③乘坐飞机的M：短途旅行为200千米以内的M=千米数×0.275；中途旅行为200~1000千米的M=55+0.105×（千米数-200）；长途旅行为1000千米以上的M=千米数×0.139。

植树是碳补偿的主要方式

例如：如果你乘飞机旅行2000千米，那么你就排放了278千克的二氧化碳，为此需要植三棵树来抵消；如果你家用了100度电，那么你就排放了78.5千克二氧化碳,为此需要植一棵树；如果你自驾车消耗了100升汽油，那么你就排放了270千克二氧化碳，为此需要植三棵树……

如果不以种树补偿，则可以根据国际一般碳汇价格水平，每排放一吨二氧化碳，补偿10美元。用这部分钱，去请别人帮忙种树。

乘飞机旅行2000千米需要植三棵树进行碳补偿

“碳足迹”有两种计算方法：第一种，利用生命周期评估（LCA）法；第二种是通过所使用的能源矿物燃料排放量计算。以你车子的“碳足迹”为例。第一种方法会估计所有的碳排放量，从汽车的制造开始（包括制造汽车所有的金属、塑料、玻璃和其他材料）、开车和处置车的过程中碳排放量。第二种方法则只计算制造、驾驶和处置车时所用化石燃料的碳排放量。

一切社会活动都有自己的“碳足迹”，我们可以用不同的方式去实测每一项，但它不仅针对二氧化碳，还包括其他温室气体——甲烷、臭氧、氧化亚氮、六氟化硫、氢氟碳化合物、全氟碳化物和氯氟烃等。这是个相当复杂的计算，根据不同的个人会有不同的变数，例如每个人衣食住行，所在国家地区的公共服务设施、军事装备等。

虽然我们过去的很多作为都产生了“碳足迹”，但是只要明白自己所产生的“碳足迹”从哪儿来，就总有一些方法可以减少“碳足迹”。

碳足迹只是生态足迹的一个组成部分。生态足迹会将人类消耗的能源总量和地球的能源再生能力进行比较。就世界整体而言，1980 年生态足迹已超过了地球生产的能力，而 2001 年已超过 20%。也就是说，地球出现了生态赤字，2001 的能源总量就需要一年零两个月的时间，才能再生出那一年所消耗的能源。

碳氧失衡，飞鸟迷踪

人类活动消耗氧气，排放二氧化碳

2010年8月8日，北京市提出，北京将从奥运城市向世界城市发展。北京将继续实践绿色奥运、科技奥运、人文奥运理念，制定了"人文北京、科技北京、绿色北京"的发展战略。在北京奥运会期间，实现了碳排放的基本平衡。随着科技的发展和环保概念的加深，北京乃至整个中国在不远的将来必将实现"碳平衡"。

20世纪六七十年代，正当工业国家陶醉于第二次世界大战后经济的快速增长并讴歌即将到来的"黄金时代"时，罗马俱乐部的几十位学者和企业家不合时宜地提出了经济"零增长"的发展观，为地球的未来而忧心忡忡。时间仅仅过去了四五十年，目前全球环境恶化的现实已经证明了这种担心并非杞人忧天。

初步估算，北京奥运会带来大约118万吨二氧化碳排放量，而"绿色奥运"系列措施抵消这些排放量，从而基本实现"碳平衡"。在118万吨排放量中，绝大部分来自观众的活动，而场馆建设和使用约占10万吨，各国运动员和官员的活动约占2万吨，火炬传递等奥组委活动约占8万吨。

中东的财富和战火，马六甲海峡的繁忙航运，不都是直接或间接地为了石油吗?经济发展的必然结果，导致大量原本不具备温室效应功能的石油、煤炭、天然气和碳酸盐类的岩石作为能源和矿物材料，通过燃烧和水泥制造被转化为温室气体二氧化碳。地球大气中二氧化碳的浓度已经从工业革命前的0.008%升高到目前的0.038%。这样的上升速率在已经发现的地质记录中是从来没有过的。

人类活动消耗氧气，排出二氧化碳，而绿色植物则吸收二氧化碳，释放氧气。如果人类排放的二氧化碳在绿色植物可以吸收的范围之内，就叫做碳氧平衡，简称“碳平衡”。此外，海洋也是一个巨大的蓄碳池。今

植物可以吸收二氧化碳，保持碳平衡

天，海水里蕴含着远古时代的碳，总量达35万亿吨。原始森林则吸收了数万亿吨。植物不但捕获二氧化碳，经过地质变迁，又逐渐演变成石灰石、页岩、煤炭、石油和天然气等物质。这样，大气中的二氧化碳浓度稳定在0.027%，一直维持到15世纪。

大约16世纪开始，人类经济迈开了大步向前的发展步伐，同时，向大自然开始了无休止的索取过程。首先是农业和城市的大发展，砍伐了大量原始森林，重创"地球之肺"。工业革命后，资本对能源贪得无厌，全球各地的碳氢化合物几乎在一夜之间熊熊燃烧。万家灯火不仅让昆虫相继扑火，让夜里

森林被誉为"地球之肺"

赶路的候鸟迷了路，也无可避免地推高了人类的碳排放，最终造成了碳氧严重失衡。

16世纪初，全球人类每年的碳排放不过1亿吨，到了18世纪末，上升为63亿吨。而地球生物圈每年能吸收31亿吨左右，剩下的32亿吨便游荡在大气层中，导致整个大气层中二氧化碳含量增加到了现在的0.038%。

人类面临着覆水难收的局面，即便人类停止所有碳排放，大自然也还要经过200~300年的时间，才能恢复到工业化之前的状态。而人类社会的巨轮又怎么能因此而停止运转呢？

如果说二氧化碳是全球变暖的罪魁祸首，其实冤枉了二氧化碳。二氧化碳是有功于地球的，并且还是头等功。在理论上，没有温室效应的地球平均气温应该是零下18.3℃，不适合任何生命存在；而在目前的温室效应下，地球的平均气温才达到15℃左右，这是一个非常适宜人类居住的平均气温。在所有的温室气体中，二氧化碳的贡献率占60%以上（在不考虑水汽的前提下）。

全球行动，扣留高碳

收集的二氧化碳可以用于其他商业用途

随着对全球气候变化可能危害的不断深入认识，降低大气中温室气体水平的三种尝试正在进行中：减少碳排放；加强植树造林，增加碳的吸收能力；发展碳捕获和碳封存手段，把二氧化碳封存到不会泄露的地方。在应对碳氧失衡的问题上，必须三管齐下，方可事半功倍。

如果我们能够将二氧化碳截获并安全可靠地储存于地下或海洋中，使其不再排入大气中，全球变暖就好对付多了。利用现有的技术手段，这些或许能够做到。

据国际能源署估计，理论上有可能在全球扣留9200亿吨二氧化碳，即全球年排放量的40倍。但这是一项科技含量较高、技术难度较大的工程，要将碳封存，首先得将其捕获。

目前，人类掌握了三种碳捕获的技术。燃烧后捕获——废气经过加热的液体溶剂，二氧化碳被吸收，无害气体再行排出。燃烧前捕获——在化石燃料燃烧前，先把它们分解为氢气和二氧化碳，然后除去二氧化碳，只燃烧氢气。富氧燃烧——燃烧中添加大量氧气，这样充分燃烧后可以获取高浓度的二氧化碳。

收集二氧化碳在技术上并不复杂，但是只完成了一半的工作，而要将全部废气汇集起来再运送到储存地就显得昂贵无比。不过也有科学家指出，可以将收集到的二氧化碳用于其他商业用途，例如冷冻食品或给啤酒和碳酸饮料充气，从而尽可能开发更多的用途。捕获二氧化碳之后，就要把它封存起来，人类正在寻找适合封存二氧化碳的地质层。

在碳的捕获、运输和封存（CCS）三个环节中，需要耗费大量能源，造成新的碳排放。专家估算，每捕获1吨二氧化碳，要花费75~115美元。燃煤电厂，如果进行完整的CCS，则要拿出25%的电力。换句话说，建造三家CCS电厂，就要配套一座专门为此供电的电厂。这还隐含着一个更可怕的后果，即必须额外燃烧30%的化石燃料。原本石油、天然气、煤炭也许还够人类使用200年，现在可能100多年就用得精光。因此，现在的CCS技术运行成本惊人，在经济上必须找出可行之路。

碳捕捉和碳封存技术前景光明

最有吸引力的是油田和气田，如果把二氧化碳注入，还能带来提高油田开采率的作用，提高10%左右的产量，可谓化腐朽为神奇。不含碳氢化合物的地质圈闭，也是理想的封存地点，它们一样具有和含油层、含气层以及煤层类似的结构。

简单的封存不是办法，泄露是迟早的事情。唯一的办法是向大自然学习。绿色植物在捕获碳之后，经过千百万年的地质变化，二氧化碳变成了矿物质，彻底地锁住了碳逃逸。2009年3月，冰岛、美国、法国的科学家们一起合作，把二氧化碳饱和水溶液注入地下500米的玄武岩层，进行二氧化碳矿化的实验。大约4~6周的时间，开始形成碳酸钙矿物，而8个月左右能够大规模矿化。由于玄武岩中富含水分，如果把二氧化碳液化，注入玄武岩层，也会发生同样的效应。科学家们认为，这也许是封存二氧化碳最安全、最经济的方式了，主要成本在于运输。

大规模的碳捕获与碳封存，技术上前景光明。但只有经济上可以承受，它才能普及。

1986年，喀麦隆曾经发生过一起惨案，尼欧斯湖底天然封存的二氧化碳突然爆发出来，邻近村庄1746人和许多动物瞬间窒息死亡。这起惨案让科学家们重新思考碳封存的技术要求。另外，人们还担心，一旦碳酸渗入地下水，将会污染整个地下水系。而这个地下水系，正是未来人类缺水生存的最后屏障！

碳捕捉只是碳封存的第一步

海水储碳，潜力巨大

海洋是未来温室气体最大的潜在储存库

经计算，海洋储存二氧化碳的潜力巨大，就算人类向海洋加入两倍于前工业时代大气浓度的二氧化碳，深海的碳含量的变化也不超过2% 。因此，海洋也许会最终包容人类的所有的过错。

尽管封闭的地质结构是人们最理想的二氧化碳储存之处，但是一些科学家指出，深海才是未来温室气体最大的潜在储存库。

海洋表面每天都要吸收2000万吨的二氧化碳。据估计，通过海水溶解方式，海洋中总共贮有46万亿吨碳，但其容量比这还大。事实上，通过自然过程，今天排放到大气中的二氧化碳早晚也会转移到大海中去，而我们要做的就是加速这一过程。

在海洋中储存二氧化碳这一想法最早是由奥地利的科学家塞萨里·马舍蒂在1977年提出的。他认为，可以把二氧化碳直接注入到直布罗陀地中海的海水中，然后它会自然地流到大西洋并进入深海之中。

温跃层是位于海面以下100～1000米，温度和密度有巨大变化的薄薄一层，是上层的薄暖水层与下层的厚冷水层间出现水温急剧下降的层。温跃层的内部结构有相当明显的地域差异。在日本本州以南的黑潮区域，温跃层位于500～700米深度，温差10℃左右，基本上是稳定的水层，称为恒定温跃层或主温跃层。

在海洋1000米以下，由于强大的水压和很低的温度，二氧化碳的密度已变得与周围的海水差不多，

而且在海下大约100~1000米存在一个海洋温跃层，温跃层以下的冷稠海水通过温跃层向上运动极其缓慢，可能需要过数个世纪才会与表层海水混合。

科学家们提出了两种将二氧化碳注入到海水之中的方案，一种是沿着洋底铺设一条管道，将二氧化碳输送到海下适当深度，另一种是从船上把二氧化碳干冰直接抛入海洋。关于储存的深度也有两种不同意见，一种建议安置在海下1000~2000米深处，将其溶解为稀释液，好处是可以将当地环境影响降到最小限度；另一种意见是将这些二氧化碳沉降在3000米之下的海底凹处，冷稠后形成一个与周围海水几乎不相溶的"二氧化碳湖"，好处是可以使其在海底停留的时间延长到最大。

对于将二氧化碳储存在海洋中，目前主要的担

▲ 在海洋中储存二氧化碳是否会影响海洋生态系统

在蒙特利海湾，科学家们对海洋表面和海底进行了注入液体二氧化碳的初步实验。在水下机器人身上装配的摄像机将实验过程中的场景全部拍摄下来。实验中，二氧化碳液体团溢出圈外形成的“二氧化碳球”贴在海底很容易被水流拖走。有时候一些鱼儿对它产生好奇。专家们保证说，在注入二氧化碳的过程中，周围的鱼儿都已安然入睡。

忧是这会对海洋环境造成何种影响。据美国能源部最近的一份报告指出：“目前没有足够的数据用于评估究竟多大量的二氧化碳可以存放于海底而不会影响海洋生态系统。”

因释放二氧化碳方法的不同，注入地点附近海水的pH值可能在5~7之间变化，而海水的正常pH值为8左右。尽管大多数海洋生物生活在海表层，但海水变酸可能对诸如浮游动物、细菌和海底栖居生物等不能游到酸性较低处的生物具有危害。然而，科学家认为，保持二氧化碳稀释的浓度可能将酸度问题降到最低限度甚至使其消除，例如百分之一的稀释度产生的pH值变动小于0.1，从海底或移动船上的管道中小滴小滴地将二氧化碳排入海洋就能轻易地使浓度降低。

美国蒙特利海湾水族馆研究所的科学家彼特·布鲁尔指出，被注入到海底的二氧化碳的数量对于海洋表面每天所吸收的2000万吨这一数量来说简直微不足道，因此，这一过程对于海洋生态系统的影响微乎其微。但事实果真如此吗？还需要进一步研究。

海水酸度的剧烈变动可能对部分海洋生物造成危害

第二篇

生产节能，“低碳”行动

绿色GDP，大家同呼吁

污染型企业在带来GDP增长时也会污染饮用水

在过去的二三十年的时间里，中国是世界上经济增长最快的国家之一，也是世界上国内储蓄率（指银行储蓄额占GDP的百分比）水平最高的国家之一。但是，中国国内储蓄率中的相当部分是通过自然资本损失和生态赤字所换来的。中国经济增长的 GDP中，至少有18%是依靠资源和生态环境的“透支”获得的。为了应对这一紧迫课题，从1995年起至今，中国已经初步迈入“绿色GDP”阶段。

GDP，即国内生产总值，指在一定时期内（一个季度或一年），一个国家或地区的经济中所生产出的全部最终产品和劳务的价值，常被公认为衡量国家经济状况的最佳指标。它不但可反映一个国家的经济表现，更可以反映一国的国力与财富。

英国经济学家希克斯在其1946年的著作中提出绿色GDP（可持续收入）的基本思想。这个概念的基础是：只有当全部的资本存量随时间保持不变或增长时，这种发展途径才是可持续的。

绿色GDP，指用以衡量各国扣除自然资产损失后新创造的真实国民财富的总量核算指标。简单地讲，就是从现行统计的GDP中，扣除由于环境污染、自然资源退化、教育低下、人口数量失控、管理不善等因素引起的经济损失成本，从而得出真实的国民财富总量。

绿色GDP不仅能反映经济增长水平，而且能够体现经济增长与自然保护和谐统一的程度，可以很好地表达和反映可持续发展的思想和要求。绿色GDP占GDP总量的比重越高，表明国民经济增长的正面效应越高，负面效应越低。

绿色GDP就是把资源环境资本纳入国民经济统计和会计科目中，用以表示社会真实财富的变化和资源环境状况。"可持续发展"是其出发点和落脚点。英国经济学家沃夫德曾尖锐指出：一个国家如果只有物质资本增加而环境资本在减少，总体资本就可能是零值甚至是负值，发展就是不可持续的。比如，沿淮河曾建有一千五百多个小造纸厂，其产值给当地 GDP带来快速增长的业绩。但小造纸厂造成的污染使沿河

一般来说，GDP = CA + I + CB + X 式中：CA为消费、I为私人投资、CB为政府支出、X为净出口额。

挪威一直以来重视企业对环境的影响

从企业资本经营角度看，资本存量是指企业现存的全部资本资源，它通常可反映企业现有生产经营规模和技术水平。根据它在生产过程中所处的状态可以划分为两类：正在参与再生产的资产存量和处于闲置状态的资产存量（包括闲置的厂房、机器设备等）。

流域1.2亿百姓喝不上干净水。如果治理就要花钱，但GDP中却没有体现。这么做划不划得来，相信谁都算得过来。

2002年4月，世界发展中国家可持续发展峰会在阿尔巴尼亚召开，会上中国专家用“绿色 GDP”的理论来解释可持续发展，把它化解为5个指标：①单位GDP的排污量；②单位GDP的耗能量；③单位GDP的耗水量;④单位GDP投入教育的比例；⑤人

均创造GDP的数值，创造越高，说明社会越发展。这5个指标被与会的一百多个国家接受并作为大会宣言发表。这5个量化的指标，让挂在口头上多年的可持续发展的含义有了真正的理解，对实现可持续发展有了实实在在的探索性标准。

20世纪90年代初，只有挪威要求在财会年报中披露企业对环境的影响及其采用的计量方法。然而，现在许多国家已非常重视绿色GDP的实施，即从GDP中挤出水分——环境污染负债、生态赤字和资源损耗等，如建设一个工厂需砍掉一片森林，那必须在另外一处种活同样面积的一片森林，才允许开工。

又如排污收费（治理污染的费用）在许多国家也很健全。澳大利亚等国进口我国的彩电、冰箱、洗衣机时，要加收垃圾处理费。因为这些物品最终将变成垃圾，需要处理，否则就污染环境。这其实是一种生态环境补偿。

被丢弃在路边等待回收处理的家用电器

陶瓷生产，低碳鼓风

在很早很早以前，专注于瓷器的匠人们就用自己的双手演绎着泥与火之歌，巧夺天工的无价之宝在权贵的家中随意摆放，不经意间散发着它们迷人的魅力，慢慢的，这种惊心动魄的美迷住了老欧罗巴，衣着繁复华丽的女王和公爵也对这些东方的易碎品趋之若鹜，他们从丝绸之路望向神秘的中国，一直注视到现在。

景德镇瓷器名扬世界

陶瓷工业造成的污染源：原料的开采、加工运输引起的；燃料燃烧产生有害烟气引起的；色釉料制作、施釉引起的；各种添加剂引起的；选择的生产工艺技术引起的；一些人对环境保护意识淡薄，或自私自利引起的。其中最要害的是人的环保意识淡薄和燃料过度消耗。

仔细看看这个我国最为著名的瓷都，这里的景象可能会让很多人大失所望，不管是堆积如山的松柴堆、煤山，还是手工淘泥、机械化练泥，甚至是用重油作为燃料的辊道窑，陶瓷从釉料、泥料到烧成的各个环节都不同程度地存在着废水污染、废气排放的现象。在陶瓷的生产过程中消耗了大量土地、森林等资源，因此几个世纪以来污染问题一直困扰着当地人，古镇周围的树数百年来纷纷变作熊熊的炉火，至今所剩不多，空气中的有害气体含量也一直居高不下，二氧化硫、二氧化氮会导致酸雨，从而危害植物的生长，使农作物产量下降，又会损坏建筑物。一氧化碳在空气中含量过高会导致人的死亡；粉尘、炭黑等颗粒状的微粒是人呼吸系统的大敌，长时间呼吸这样的空气对肺部的伤害不可估计；固体悬浮物、负离子、若干有害重金属对水又造成了严重的污染；更不必说废渣、废磨料、废模具造成的污染和气动机械、加工机械运转产生噪声的污染。

同样是瓷都，在德国小镇麦森却是完全不同的情景，它四周群山环绕，易北河从她身旁缓缓流过，到处绿树成荫，鸟语花香，优美的市容与其他欧洲小城并无二样。表面上丝毫看不出这里有着300年制瓷历史。他们选择制作陶瓷的则是一条更为环保低碳的道路。

麦森是欧洲著名的陶瓷产地，历经3个世纪的发展，它的陶瓷种类已经多达23万种，包括了巴洛克、新艺术、现代艺术等各种式样，称得上是艺术史上的珍宝。甚至连一些教堂的钟或是壁画也都使用麦森的制品，其中许多作品极具艺术价值。

低碳似乎是陶瓷发展的必然，不仅因为陶瓷企业面对生产成本增加、能源紧缺的压力，同时还是厂家发展的内在要求。为了促进自身和行业的发展，企业不得不转型升级，大力发展高科技含量、高附加值、高市场占有率的全新陶瓷产品。这个过程推进了节能减排，实行清洁生产和循环经济，更推进了行业进步，实现陶瓷行业的健康发展。

目前，公认的低碳陶瓷产品不外乎陶瓷的薄化、洁具的节水。比如说，国内有一种陶瓷薄板做工精湛，高铝高强，厚度仅4.8毫米，相当于两个一元硬币叠加在一起的厚度，比传统陶瓷砖厚度降低60%，硬度却较普通陶瓷强30%左右。据称，如果按我国年产墙地砖60亿平方米计算，把砖体厚度压缩60%，每年可节约相关原料7200~12000吨，每年综合能耗可节约306亿千克标准煤，相当于3个三峡工程的年发电量。同时还可节约60%的矿产资源，减少50%的二氧化硫排放量，节约30%的水资源，效益十分可观。

近年来，景德镇也在节能低碳方面奋起直追，采用的技术主要在不影响质量的前提下使炉温降低，一些成果说明，如果炉温从1500摄氏度降到1200摄氏度，将会节能25%，这将是一个很好的低碳途径。

欧洲骨瓷是当今世界最昂贵的瓷器之一

把煤“洗”干净些

从矿井中直接开采出来的煤叫做原煤

从矿井中直接开采出来的煤叫原煤。原煤中有许多杂质，一般都含有较高的灰分和硫分，使得煤炭的品质不同。但用户会根据自己的需求而对煤炭的质量有不同的要求，那么，怎么对煤进行加工，从而去除杂质满足不同的标准呢？原来，人们是可以把煤“洗”干净些的。

洗煤，是煤炭深加工的一个不可缺少的工序。对原煤进行洗选加工的目的是降低煤的灰分，使混杂在煤中的矸石、煤矸共生的夹矸煤与煤炭分离开来，同时，降低原煤中的无机硫含量，以满足不同用户对煤炭质量的指标要求。

洗煤后所产生的产品一般分为煤矸石、中煤、次精煤、精煤。经过洗煤过程后的成品煤通常叫精煤。洗煤可以带来不少效益，既可以降低煤炭运输成本，还能提高煤炭的利用率。精煤一般情况下就可以用做燃料了，而烟煤的精煤一般主要用于炼焦，它要经过去硫、去杂质等工业过程，以达到炼焦用的标准。

那么，工厂洗煤是怎样进行的呢？

首先是将各种原煤按照一定的比例相互掺配，以使最终产品符合客户的要求。现在计算机可以参与配比，使得这项工作更加便捷，从而提高工作效率。

配煤完成后，就要用带孔的筛面把颗粒大小不同的混合物料分成各种粒级。通过干法筛分或者湿法筛分，筛分出来的大块物料再被粉碎成小颗粒。

洗煤是煤炭深加工的一个不可缺少的工序

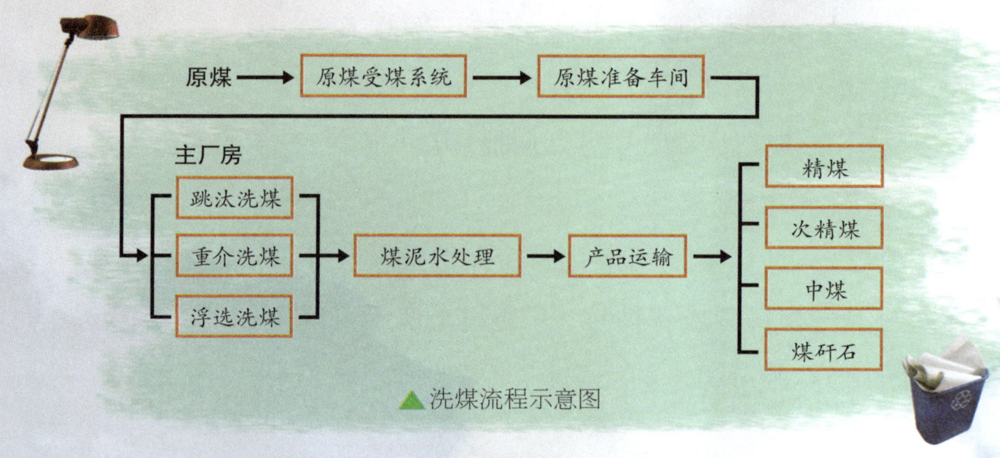

▲洗煤流程示意图

接下来是选煤。这是利用物质之间不同的物理和物理—化学性质，在选煤厂内用机械方法去除混在原煤中的杂质，按照客户的需求，把它们分成不同质量、规格的产品。针对不同的粒度级别，要使用不同的选煤方法。

最后，将达到要求的精煤存储起来，或者是装车出厂就可以了。

我国煤炭资源十分丰富，除上海以外其他各省区均有分布，但分布极不均衡。在我国北方的大兴安岭-太行山、贺兰山之间的地区，在地理范围上包括内蒙古、山西、陕西、宁夏、甘肃、河南六省区，煤炭资源量达到1000亿吨以上，是我国煤炭资源集中分布的地区，其资源量占全国煤炭资源量的50%左右，占中国北方地区煤炭资源量的55%以上。但在中国南方，煤炭资源量主要集中于贵州、云南、四川三省，这三省煤炭资源量之和占中国南方煤炭资源量的91.47%，探明保有资源量也占中国南方探明保有资源量的90%以上。

拥有这么好的先天优势，我国的煤炭行业也一直保持着旺盛的发展势头。洗煤是煤炭行业的一个重要领域，对这一过程的环保控制将是未来研究的重点。

洗煤废水是煤炭工业的主要污染源之一，其性质特别稳定，静置几个月也不会自然沉降，因此处理起来非常困难。如果直接排入外环境，会对地表水、地下水以及地貌环境造成危害。我国从20世纪60年代就开展了这一方面的研究工作，但始终没有研究出比较有效的处理方法。目前，洗煤厂对煤泥水的处理主要采用的是洗煤废水闭路循环法，在减排和回水利用上具有强大的优势。但是，它依然存在着很多问题等待人们去解决。

▲ 我国拥有丰富的煤炭资源

绿色水泥，吃碳能手

传统水泥生产会排放大量二氧化碳

英国《卫报》2009年公布的数据显示，全世界每年生产20亿吨水泥，每生产1吨普通水泥，就释放出近1吨二氧化碳。水泥的生产占据了世界二氧化碳排放量的5%，并且，人们对水泥的需求量还在直线上升。那么，万丈高楼平地起，万吨废气何处去？

巴西研发出了一种新技术：用甘蔗渣和稻壳等农业废料作为原料生产环保且价廉的“绿色”水泥。该技术不仅有利于减少传统原材料生产水泥时造成的环境污染，还能实现废物循环利用，增加农业产品附加值，节省水泥生产成本。巴西目前水泥年均产量为4500万吨。如果按甘蔗渣残留物在水泥混合物中的比例为15%计算，巴西每年可减少约300万吨的二氧化碳排放。

就在各国面对水泥引发的环保问题一筹莫展的时候，英国诺瓦西姆（Novacem）公司另辟蹊径，研发出不同的材料，以替代传统的普通水泥的原料。于是，绿色水泥诞生了！

绿色水泥采用镁硅酸盐取代先前的基础原料石灰岩。它的独特之处在于它是碳负性的，这是因为镁硅酸盐不仅在制造过程中比标准水泥需要的热量少，而且在硬化过程中还能够有效吸收空气中大量的二氧化碳，所以，在生产过程中，绿色水泥排放出的二氧化碳就会远远小于它在被使用时吸收的空气中的二氧化碳量。

绿色水泥产品在整个生命周期中每吨可吸收0.6吨的二氧化碳，它就像植物一样将二氧化碳吸入，却完全不会产生碳足迹。并且，在这种新型工艺下，生产水泥所需的原料用量将大大减少，另外，生产过程所需的温度低于300摄氏度，而传统水泥生产通常需要约1450摄氏度的高温环境，这样就大幅地降低了能源的消耗。

还有一些新兴公司也在尝试使用不同的方法减少水泥的碳足迹，其中包括位于美国加州的卡列拉（Calera）公司。该公司于2008年提出了一种新的水泥生产理念，即工厂通过二氧化碳提供的热量来维持生产，这样一种环保节约型生产水泥体系理论刚一提出便受到人们的普遍关注。后来加利福尼亚建立了第一个示范点，致力于向外界推广该生产体系

▼ 绿色水泥能像植物一样吸收二氧化碳

理念。

绿色水泥技术也有望带动各地区的经济发展。它为英国和德国创造了42亿元的年产值，即便是在2009年国际金融危机的影响下，其生产总值仍取得了骄人的增长。

目前，我国水泥单位产品能耗比国际先进水平仍高43%，水泥生产能耗约占全国能源消耗量的7%左右。以2005年10.6亿吨的产量为例来计算，水泥单耗每下降1个百分点，每年就可以节约标准煤106万吨。由此可见，水泥节能具有巨大的潜力。

2006年，提出要使“水泥单位产品综合能耗下降25%”，要兑现这个目标，的确很具有挑战性。那么，这“25%”的目标又将如何实现呢？人们将目光投向了“小荷才露尖尖角”的绿色水泥技术，认为要实现这个目标，水泥行业必须全面进行产业结构调整，推进绿色、节能型生产，也就是说要大力发展绿色水泥。

专家估计，大约到2014年绿色水泥就能投入批量生产。它必将在未来的世界“搅动一池春水”，有望让我们的生活更加健康和美好。

水泥行业内正在大力推广回收废热进行发电技术。目前，我国先进工艺的水泥生产线中，仍有大量的350℃以下的余热不能完全被利用，其浪费的热量约占系统总热量的30%左右。应充分利用回收熟料生产过程中产生的余热，可以将废气中的热能转化为电能，还可以减轻水泥生产的热污染。2005年底，全国日产1500吨水泥及以上规模的生产线已有356条，若全部利用废热进行发电，一年节约标准煤超过200万吨。

▲ 绿色水泥有巨大的发展潜力

让屋顶也参与"造能"

太阳能是理想的可再生能源

上海世博园内的英国零碳馆的屋顶上，片片深色的太阳能电池板本身就是屋顶建材，通过吸收太阳能所产生的能量不仅用于发电、供暖，还与被动风能和地源热能共同带动室内通风，调节屋内的温度和湿度。使用太阳能电池的并非这一座建筑。上海世博会上光伏建筑的太阳能发电规模达到4.68兆瓦，年均发电可达406万千瓦时，减排二氧化碳总量逾3400吨。原来，屋顶也是可以参与"造能"的。

美国加利福尼亚爱迪生公司在洛杉矶邻县的一家大型物流配送仓库建造了加州规模最大的单个商业太阳能屋顶。这座屋顶面积约5.6万平方米，共使用了3.37万块薄膜太阳能电池板，可以满足周边1300户家庭的用电需要。从2006年加州通过"百万太阳能屋顶法案"后，

太阳能是理想的可再生能源，可是，你知道吗，生产单晶硅太阳能电池，却耗能很大，并且要排出很多废气和粉尘。这既增加了碳足迹，又使其价格居高不下。而美国纳米太阳能公司研发出的太阳能电池，竟然是由最便宜的塑料制成的。它不需要专门的面板，可以很容易地"印刷"到铝箔上，随意变形，重量很轻。一旦普及，使用价格和烧煤没有两样。更有甚者，一些专家开始考虑把这种电池变成涂料，刷到房屋的屋顶和墙壁上，那样的话，家家户户都可以一次粉刷，天天用电了。

事实上，市场对太阳能板块的追捧由来已久，太阳能作为21世纪最有发展前途的可再生清洁能源早已得到了市场的关注。

目前中国已经成为世界上第一大太阳能电池生产国，拥有一批具有国际竞争力和国际知名度的光电生产企业，具有规模化、国际化、专业化的产业链条。但是，由于发电成本高、光电转换率低、光电并网难、人们的认知程度低等诸多原因，目前国内市场需求不足，在一定程度上影响了产业发展。而短期内外需的急剧萎缩，更是让对外依存度高达

就投资了33亿美元来促进太阳能的应用，并且有望在2020年使1/3的能源供应来自可替代能源。

▲ 太阳能电池

2009年6月，我国首个太阳能屋顶计划在新疆实施。新疆除了巨大的太阳能资源之外，在太阳能电池原料多晶硅的生产中也具有价格优势。多晶硅的生产是一个高能耗产业，而新疆是原煤产区，煤价和煤电价格都较低，多晶硅的生产成本也相对低。此次新疆硅业厂房的“太阳能屋顶计划”改造面积是1224平方米，改造后，预计年发电量23.12万千瓦时折合标准煤93吨。

70%~90%的光电行业一片萧条。为此，中国推出了“太阳能屋顶计划”。

所谓“太阳能屋顶计划”，就是从节能环保的角度出发，在屋顶或建筑物其他可能的部位安装太阳能系统，充分利用太阳能获取电能、热能，从而可以节省资源，减少污染，拉动内需，实现我国光电产业的健康发展。早在20个世纪90年代，美国就提出了“百万太阳能屋顶计划”，截至2010年，已在100万个屋顶或建筑物上安装了太阳能系统。目前，我国上

海、杭州等地也在积极实施“太阳能屋顶计划”。上海市提出了10万个太阳能屋顶计划，根据计划，未来上海10万个屋顶有望安装太阳能发电系统，每年至少发电4.3亿度。杭州也计划在新住宅小区和公共建筑屋顶上安装太阳能薄膜，利用太阳能发电，5年内要推广10万平方米阳光屋顶。

太阳能行业本身有巨大的发展空间，再加上政府的大力支持，未来中国太阳能产业必将出现爆发式的发展。目前的太阳能产业的发展才仅仅是个开始，太阳能板块正在迎来阳光灿烂的日子。

太阳能屋顶

空中农场，大厦中的粮仓

空中农场的设计理念之一

粮食和蔬菜从农村运到城市，本身就会增加地球的碳足迹。而城市里到处是摩天大楼，楼顶被太阳烤得火热，室内空调把水分抽得精光，不但碳排放严重，更不利于人的生存。如果在城市里建造“空中农场”，不就既可以让市民们吃到新鲜的食物，又能节省原本运送食物所需要的能源了吗？

曼哈顿也有一个“空中农场”的设想。在这个设想中，每座“空中农场”约30层楼高，一边生产水果、蔬菜和谷物，一边产生清洁能源，净化污水。每个这样的农场能为5万人提供饮食所需，只需150个便能使纽约实现自给自足。在可以控制天气条件的摩天大楼里种植农作物，不会因天灾造成大规模欠收，所有农作物都可以通过有机栽培方式生

人们居住的房屋可以从平房向高楼进化，耕地也可以从田地向多层建筑式的楼层化农场发展，在人工修筑的多层建筑物里模拟农田的农作物生长环境，就能有效扩大农作物生产面积和生产产量。这种替代性的农作方式，是世界农业发展的前景之一。

目前，世界上已出现多个关于“空中农场”的设计创意，虽然仅停留在概念设计阶段，但这无疑是人类在应对土地粮食等资源稀缺问题以及解决碳排放时的又一努力方向。

加拿大建筑师戈登·格拉夫构思的空中农场高58层，约238米。其中供居住的面积为270万平方米，农作物种植面积达800万平方米。这座空中农场将

摒弃传统的泥土种植，采用水栽法，也就是用营养液代替泥土。由于农场自带水循环系统，因此用于灌溉的水都将依靠农场自身完成净化与循环。这样既节约了水资源，也很少需要喷洒杀虫剂了。

格拉夫还按照农作物对阳光、水分等的不同需求，设计了分层种植的方式。空中农场底层种植草莓、土豆，中层种植大豆、菠菜，高层种植胡萝卜、莴苣等。农场底部还有一个独立区可以养殖鸡鸭等禽

长，不使用农药和化肥，从而大大减少了有害的农业废物。并且，相比建造一座30层楼高的建筑需要的上亿美元的花费，建造一个空中农场仅需要2000万到3000万美元。

▲ 空中农场的设计理念之二

生态学家霍华德·奥德姆曾言："大自然知道所有的答案，那么你的问题是什么？" 现在的问题是：我们怎样才能在地球上生活得很好，同时又可以让地球生态系统得以自然修复？答案是：使农田自动恢复为多草或多林的状态，是减缓气候变化最简单、最直接的方法。这些农田可以自然地从周围空气中吸收二氧化碳这一最丰富的温室气体，把农田放着不管，不要再榨取土地的营养，就可以医治我们的地球。

空中农场的设计理念之三

类。农场大楼背面则是灌溉和照明系统。

格拉夫设想的空中农场采用室内种植，气候可由人工控制，例如农场可以提供全年24小时光照，因此可以避免气候影响作物产量的问题。同时农作物也不易受病虫害侵袭，正常生长。一旦这一设想成为现实，一座空中农场农作物产量每年可以满足约3.5万名居民的需求。

空中农场虽然造价不菲，但是它的利润也很可观，每年将高达2300万美元。一座30层楼高，占地0.02平方千米的大厦，它可以生产的农产品，却相当于户外9.6平方千米耕地的产量，而产生的负面影响要小得多。

再想想看，如果在这些楼顶种植易于生长的蔬菜和水果，用收集的雨水进行合理灌溉，那么大厦里岂不是多了一种购买自家果蔬的温馨时尚？更何况，楼顶也能成为一道绿色风景线，闲来无事，在大厦楼顶观赏新鲜花卉，就好像空中花园一样。

这种节约空调、节约水源、使得生活更和谐的空中农场的设想，已经列入中国部分城市的规划之中。相信，在将来的某一天，我们吃的饭菜的原料将会产自本城市的空中农场。

田园风光，源自"田园"

生物质能发电站

地球上每年植物光合作用固定的碳达2×10^{11}吨，含能量达3×10^{21}焦，因此每年通过光合作用储存在植物的枝、茎、叶中的太阳能，相当于全世界每年耗能量的10倍。如果这些储存在生物中的能量能够被人类利用，岂不是既节能又环保吗？

开发利用生物质能对中国农村更具特殊意义。中国80%的人口生活在农村，秸秆和薪柴等生物质能是农村的主要生活燃料。虽然煤炭等商品能源在农村得到迅速推广和广泛使用，但生物质能仍占有重要地位。1998年农村生活用能总量为3.65亿吨标准煤，其中秸秆和薪柴为2.07亿吨标准煤，占56.7%。因此，发展生物质能技术可以帮助这些地区脱贫致富。

地球上绝大多数生物的能量来自于太阳。生物质能，就是太阳能以化学能形式储存在生物质中的能量。它直接或间接地来源于绿色植物的光合作用，可转化为常规的固态、液态和气态燃料。它可谓是取之不尽、用之不竭，是一种可再生能源，同时也是唯一一种可再生的碳源。

生物质遍布世界各地，哪里有生物，哪里就有生物质能。仅地球上的植物，每年的生产量就相当于现阶段人类消耗矿物能的20倍，或者说是相当于世界现有人口食物能量的160倍。虽然有些差异，但地球上每个国家都有某种形式的生物质，生物质能是热能的来源，能够为人类提供基本的燃料。

适合于能源利用的生物质可分为五大类，即林业资源、农业资源、生活污水和工业有机废水、城市固体废物和畜禽粪便。

生物质能蕴藏在植物、动物和微生物等可以生长的有机物中。有机物中除矿物燃料以外的所有来源于动植物的能源物质均属于生物质能，通常包括木材及森林废弃物、农业废弃物、水生植物、油料植物、城市和工业有机废弃物、动物粪便等。

自20世纪90年代以来，美国人就着力于利用造纸废料来燃烧发电，发展迅速，预计20年后可以供应美国电力的1.7%。美国的牲畜每年要排泄10亿吨

过火林也可以用于发电

的粪便，如果全部燃烧的话，大约又可以供给美国2%的电力。这就让我们脑海里浮现出草原地区用牛粪饼取暖的田园风光。实际上，过火林、虫害林、甘蔗渣、废棕榈油、稻壳、废酒糟，这些都可以用来发电。在这些大批量的废料还没有充分利用之前，如果天天只是盯着生活垃圾发电，效率未免太低。

▼ 造纸废料可用于发电

中国拥有丰富的生物质能资源，生物质能资源为50亿吨左右。目前可供利用的资源主要为生物质废弃物，包括农作物秸秆、薪柴、禽畜粪便、工业有机废弃物和城市固体有机垃圾等。

近年来，中国在生物质能利用领域取得了重大进展。国家以很大的投入在农村进行沼气建设，很多农村渐渐习惯了用沼气照明和做饭，还可获取有机肥料。

生物质能具有可再生、低污染、分布广泛和总量丰富的特点。生物燃料既有助于促进能源多样化，帮助我们摆脱对传统化石能源的严重依赖，还能减少温室气体排放，缓解对环境的压力。

将来，世界到处都是一派田园风光。这些都得益于人们对来自"田园"的生物质能的利用。

在美国，生物质能发电的总装机容量已超过10000兆瓦，单机容量达10～25兆瓦；巴西是乙醇燃料开发应用最有特色的国家，实施了世界上规模最大的乙醇开发计划，目前乙醇燃料已占该国汽车燃料消费量的50%以上。美国开发出利用纤维素废料生产酒精的技术，建立了1兆瓦的稻壳发电示范工程，年产酒精2500吨。

"最时髦"发电项目：太阳热能发电

集中热能将塔顶的水加热为蒸汽，再驱动汽轮机带动发电机发电

古人很早就知道利用阳光为住宅采暖，不过效果却有限，因为大量的热又从窗户中散失了。公元50年，罗马人开始在窗户上安装玻璃，通过我们今天所谓的温室效应把热能更多、更长久地留在室内，既用于供暖，也用于产出水果和蔬菜。目前，迫于巨大的环境和能源压力，世界各国都积极开发太阳能利用技术。太阳能电池虽好，但是它的光电转换效率实在太低了，至多不过20%。人们开始考虑更简便的方法。于是，时髦的用太阳能发电的想法便被提出来了。

近代太阳能利用历史可以从1615年法国工程师所罗门·德·考克斯在世界上发明第一台太阳能驱动的发动机算起。该发明是一台利用太阳能加热空气使其膨胀做功而抽水的机器。接着，大量的太阳能动力装置被陆续研制出来，这些动力装置几乎全部采用聚光方式采

在太阳内部进行的由"氢"聚变成"氦"的原子核反应，不停地释放出巨大的能量，并不断向宇宙空间辐射能量，这种能量就是太阳能。太阳内部的这种核聚变反应可以维持几十亿甚至上百亿年的时间。尽管太阳辐射到地球大气层的能量仅为其总辐射能量的22亿分之一，但太阳每秒钟照射到地球上的能量就已经相当于500万吨煤。而大约40分钟照射在地球上的太阳能，便足以供全球人类一年能量的消费。所以，太阳能的发展前景十分可观。

太阳能的大规模利用是用来发电。利用太阳能发电的方式有多种，实用的主要有以下两种：

1. 光—热—电转换。即利用太阳辐射所产生的热能发电。一般是用太阳能集热器将所吸收的热能转换为工质的蒸汽，再由蒸汽驱动气轮机带动发电机发电。前半过程为光—热转换，后半过程是进行热—电的转换。

2. 光—电转换。其基本原理是利用光生伏打效应将太阳辐射能直接转换为电能，它的基本装置是太阳能电池。

日本已于1992年4月实现了太阳能发电系统同电力公司电网的联网，已有一些家庭开始安装太阳能

集阳光，发动机功率不大，工质主要是水蒸气，价格昂贵，并且实用价值不大，大部分为太阳能爱好者个人研究制造。

光电转换的基本装置是太阳能电池

发电设备。据日本有关部门估计，日本2100万户个人住宅中如果有80%装上太阳能发电设备，就可以满足14%的全国总电力需要；如果工厂及办公楼等单位用房也安装太阳能发电设备，那么太阳能发电将占全国电力的30%~40%。当前阻碍太阳能发电普及的最主要因素是费用昂贵，而降低费用的关键在于提高太阳能电池转换效率和降低成本。

近来，德国提出了“沙漠科技”计划，联合欧洲各国在撒哈拉沙漠里建造一个超大型太阳能电站，供给全欧洲15%的电力。“沙漠科技”用类似

▼ 沙漠中的太阳能电站

太阳灶的抛物面镜面去反射和集中太阳光，加热储热的油管。油加热到400摄氏度，再去加热水管里的水，使其化作滚滚而来的水蒸气，推动涡轮发电机组工作。太阳能电池板黑夜无法工作，储热油管到晚间却还可以继续发挥余热，因此，这种发电方式的效率高出太阳能电池板接近一倍。德国科学家计算，如果在撒哈拉沙漠里开辟9000平方千米的地盘来建设太阳热能电站，就能满足全世界的电力需求。

中国在砷化镓聚光发电的技术上已居于世界领先地位。目前可达到千倍光率的发电能力，可以使1平方厘米的砷化镓电池发电量提高到36~40W以上，其效能超过同等大小的硅晶片2000多倍。

太阳能既是一次能源，又是可再生能源。它资源丰富，既可免费使用，又无需运输，对环境无任何污染，是发展低碳经济的重要手段。它为人类创造了一种新的生活形态，使社会及人类进入一个节约能源、减少污染的时代。让我们期待它在未来的生活中大展拳脚吧！

太阳能路灯是一种利用太阳能作为能源的路灯，它不受供电影响，不用开沟埋线，不消耗常规电能，只要阳光充足就可以就地安装，因此受到人们的喜爱。太阳能路灯既可用于城镇公园、道路、草坪的照明，又可用于人口密度较小，交通不便但太阳能资源丰富的地区，解决这些地区人们的家用照明问题。

风力转动生活

陆上风力发电场

风是没有公害的能源之一，它取之不尽，用之不竭。对于缺水、缺燃料和交通不便的沿海岛屿、草原牧区、山区和高原地带，因地制宜地利用风力发电非常适合，大有可为。而且在风力发电机几十年的生命历程中，只有制造、安装和拆毁过程会产生少量的碳足迹。这可真好啊，无处不在的风就能为我们提供生活必需的电。

风力发电有以下优点：①清洁，环境效益好；②可再生，永不枯竭；③基建周期短；④装机规模灵活。但它的缺点也不容忽视：①噪声污染；②土地占用量大；③稳定性差；④成本较高。

我们把风的动能转变成机械能，再把机械能转化为电能，这就是风力发电。有人估计过，地球上可用来发电的风力资源约有100亿千瓦，几乎是现在全世界水力发电量的10倍。目前全世界每年燃烧煤所获得的能量，只有风力在一年内所提供能量的三分之一。因此，国内外都很重视利用风力来发电，开发新能源。利用风力发电的尝试，早在20世纪初就已经开始了。

20世纪30年代，丹麦、瑞典、苏联和美国应用航空工业的旋翼技术，成功地研制了一些小型风力发电装置。这种小型风力发电机广泛使用在多风的海岛和偏僻的乡村，它所获得的电力成本比小型内燃机的发电成本低得多。不过，当时的发电量较低，单机容量大都在5千瓦以下。

1978年1月，美国在新墨西哥州的克莱顿镇建成的200千瓦风力发电机，这座发电机的叶片直径为38米，发电量足够60户居民用电。而1978年初夏，在丹麦日德兰半岛西海岸投入运行的风力发

海上风力发电场

电装置，其发电量则达2000千瓦，风车高57米，所发电量的75%送入电网，其余供给附近的一所学校用。

一般说来，3级风就有利用的价值。但从经济合理的角度出发，风速大于每秒4米才适宜于发电。据测定，一台55千瓦的风力发电机组，当风速每秒为9.5米时，机组的输出功率为55千瓦；当风速每秒8米时，功率为38千瓦；风速每秒为6米时，只有16千瓦；而风速为每秒5米时，仅为9.5千瓦。可见风力

▲ 小型风力发电装置

愈大，发电效率也愈高。

海面上的风力强劲稳定，白天黑夜都可以发电，因此很多国家开始考虑在海面上兴建超大型的风力发电站。目前，发达国家已经开始建造漂浮在较深海域的大型风力发电机，这些发电机叶片远远大过摩天轮，长度将会达到120米。发电机的底部靠大型海上平台固定，而平台则用缆绳固定在海床上。最近，英国有一家公司又着手设计一台大型海上风力发电机，其翼展长度可达275米，这巨大的机器尺寸是普通机型的两倍，而它10兆瓦的发电量将是普通风力涡轮发电机的3倍。

我国发展风力发电有很大的优势。我国的风力资源极为丰富，绝大多数地区的平均风速都在每秒3米以上，特别是东北、西北、西南高原和沿海岛屿，平均风速更大；有的地方，一年三分之一以上的时间都是大风天，在这些地区，发展风力发电是很有前途的。2008年7月，我国上海兴建了亚洲第一座海上风力电场，装机容量为10万千瓦。这些电力通过海底电缆传输后并入上海市电网，全年发电达到2.6亿千瓦时，相当于14万户普通上海居民一年的用电。

巨大的环境效益使得风力发电在世界范围内形成一股热潮，相信在未来的生活中，它会带给我们更多的便利。

为了支援西部大开发，为边远山区牧民研发适合高原地区的小型发电机，解决牧民缺电的困难，我国科研人员针对西部游牧地区人口散居、气候恶劣等环境特点，研发出了符合高原地区的离网型小型风力发电机。这种发电机的风轮叶片是亮点，为了能提高风力机功能利用率，科研人员对风轮叶片进行了特殊的设计和加工，使得叶片的最大风能利用系数达到 0.480，启动风速低于 3 米 / 秒。这样研制的 800 瓦风力机发电量比同类风力机增加 48 瓦，发电量增加到 848 瓦。

生物燃料，尚需努力

美国大陆航空公司率先尝试使用生物燃油

尽管用粮食作燃料不是新鲜事——鲁道夫·狄塞耳一个世纪之前就以花生油为燃料驱动汽车，但是这种想法突然之间变得非常实用。

飞机用上了生物燃料

航空业每天向大气排放大量二氧化碳，似乎是没法解决的麻烦。不过，生物燃料可能会挽救这个环保“老大难”。美国大陆航空公司最近开始试用由海藻油和麻风树油构成的生物燃油，结果喜人，生物燃油的效率比传统燃油还要高出1%，而温室气体排放则降低了70%。大陆航空认真对待这次试验，他们在波音737的两台引擎中，一台注入传统燃料和生物燃料对等的混合物，一台完全试用传统燃料，这样飞行了一段距离之后，就能够计算出两种燃料的优劣了。他们还在空中试验了客机的各种操作，结果证明，生物燃料比传统燃料的性能更好，而且，它们可以直接注入现有的引擎，飞机的主要零件一概不必更换。

生物柴油主要是利用了油脂或酸化油中的脂肪酸与甲醇经化学合成得到的脂肪酸甲酯，再与传统柴油按1：1配比调兑，形成完全可以满足内燃机要求的燃料型生物柴油。

海藻，生物燃料的希望

第一代生物燃料用玉米和大豆来生产生物燃料，都要挤占粮食用地，消耗淡水。而海藻却不会，它本身就生活在无边无际的大海里，在生长的过程中，还能吸收二氧化碳、排出氧气。最近，人们又发现，通过基因改造，还能改变海藻的细胞，让它们分

利用海藻生产生物燃料

泌出碳氢化合物，也就是乙醇。这真是一个让人兴奋的消息。不过，主持研究的美孚公司表示，关键还是要实现大规模生产。海藻的新发现，掀起了竞争的热情，有些能源公司在大肠杆菌身上打主意，也取得了不错的效果。大肠杆菌经过基因改造后，竟然也分泌出碳氢化合物来。海藻和大肠杆菌两种生物燃料，将会在未来5年内实现量产，这也许会改变人

生物柴油

类能源的格局。

第二代生物燃料摆脱了对玉米等粮食作物的依赖，不再与人争地，它以麦秆、草和木材等农林废弃物为主要原料，采用生物纤维素转化为生物燃料的模式，发展纤维素乙醇。

在环境保护方面，第二代生物燃料的表现也远较第一代出色。据美国能源部研究，更注重生态效应的第二代生物燃料有望减少最高达96%的温室气体排放；而第一代以玉米为原料的燃料乙醇，平均仅可以减少约20%的温室气体排放。第二代生物燃料，尤其是纤维素乙醇的取材范围相当广泛，秸秆、枯草等农业废弃物均可入料。对农业废料的循环利用保证了生物能源的可持续发展，解决了第一代生物燃料生产过程中耗费更多能源和使用更多化学物质的问题，同时也降低了对人类健康的潜在威胁。

第二代生物燃料的实际生产成本还是一个重要的未知数。另外，在生物燃料的经济可行性研究方面，原料收集也是一个受关注的问题。生物原料极其分散，采集成本、运输成本和生产成本都可能成为制约燃料乙醇业发展的瓶颈。

巴西是世界上最大的生物燃料（主要是甘蔗、乙醇）生产国，其次是美国。巴西可再生能源占全国能源的比例高达44.7%，而全球平均仅为13.3%。巴西的可再生能源主要是乙醇和水力发电，其中乙醇的比重日益提高。据巴西矿产能源部公布的资料，2005年甘蔗能源在全国所产2.186亿吨石油当量能源中占了13.9%。

粮食变燃料，汽车与人争食品

美国利用玉米生产燃料乙醇

20世纪70年代的石油危机掀起了生物液体燃料替代石油的研究热潮。美国和巴西分别利用玉米和甘蔗生产燃料乙醇获得成功，欧洲各国使用植物油生产生物柴油也达到规模化生产。

粮食变燃料——乙醇

粮食也能做燃料，一点儿也不稀奇。人类很早就会酿酒了，而酒的主要成分——乙醇，就是一种很好的燃料。一杯乙醇浓度高的烈度酒，可以用火柴点着。燃烧完毕，只剩下半杯水。人们早在19世纪末就尝试过用花生油开汽车，20世纪70年代，开始在汽油里添加少量乙醇，制成混合燃料。这种做法很受美国农民欢迎，因为他们种植的玉米有销路了，制造乙醇的主要原料是玉米。几年来，全球的工业乙醇年产量已经达到73亿升。汽车用上乙醇之后，排放的温室气体大大减少，对环保确有好处，不少国家的政府都会补贴玉米制乙醇产业。

与其他国家相比，中国燃料乙醇的生产起步晚，2004年才开始大规模产业化生产，不过，中国燃料乙醇发展迅速，短短3年间，中国就成为继美国、巴西之后世界第三大燃料乙醇生产国。当下，已在黑龙江、吉林、辽宁、河南、安徽、广西六省区及湖北、山东、河北、江苏四省的27个市试点车用乙醇汽油，实现封闭运行。

2002年6月8日，在全国省会城市中河南省郑州市率先要求郑州市中心城区的35万辆机动车必须弃油喝"酒"，统一燃用乙醇汽油。此政令一出，立即引起全国的广泛关注。并成为继河南省南阳市之后，第二个以政府文件强制推广使用乙醇汽油的城市。

▲ 巴西利用甘蔗生产燃料乙醇

燃料乙醇的成本依然很高。目前玉米价格在每吨1800元左右，生产1吨燃料乙醇需要3吨左右的玉米，仅玉米成本就需要5400多元，再加上其他成本，生产1吨乙醇汽油的总成本超过8000元。而市场上燃油的价格为：90#汽油7545元/吨，93#汽油7750元/吨，0#柴油6650元/吨。

粮食变燃料——生物柴油

多做试验没坏处，既然乙醇和汽油混合的效果不错，其他油类呢？2007年，科学家们发现，把豆油和柴油混合在一起，和普通柴油的效果一样好，而且，燃烧的尾气比普通柴油干净，闻起来也不错，像是炸薯条的味道。同时，大豆的价格非常低廉，生物柴油可以把价格做到和普通柴油差不多的水平，这对消费者不会造成额外的负担，何乐而不为呢？现在，人们又把油菜籽油、油棕油等拿来添加，发现居然也都能和柴油很好地混合使用。

而且，使用生物柴油也不需要改装发动机，任何柴油汽车，直接加油就可以使用。生物柴油是一种优质清洁柴油，可从各种生物质提炼，全面取代石油也许就靠它了。

发展生物柴油，技术不是问题，占成本70%~80%的原料才是制约产业发展的关键。欧美生物柴油主要以大豆、菜籽毛油为原料，成本高昂。中国食用油短缺，不允许使用大豆、菜籽油作原料。目前中国生物柴油的原料以废弃油脂为主，虽然原料来源相对广泛，但是来源地分散，收集成本高，并不适合工业化大规模生产，所以许多投资者正在考虑以木本油料作物替代。

生物柴油提炼厂

地球是个大锅炉

蒸汽型地热

一说到“地热”，许多人恐怕想到的就是洗“温泉浴”了。不错，“温泉浴”仅仅是地热资源利用的很小一部分，其实它更大的作用是取代传统的燃煤锅炉和空调，来进行取暖、发电、制冷、保健娱乐等，利用范围非常广泛。

目前，爱尔兰几乎90%的房屋使用地热水进行加热，和燃烧化石燃料相比，在爱尔兰地热应用每年能减少大约2亿吨二氧化碳排放。由于使用地热能源，都柏林（位于爱尔兰）成为世界上最洁净的首都，烟囱中没有烟的排放。2004年爱尔兰二氧化碳总排放量为280万吨。另外许多国家由于使用地热能源也明显减少了二氧化碳的排放。

地热能是由地壳抽取的天然热能，这种能量来自地球内部的熔岩，并以热力形式存在，也是引致火山爆发及地震的能量。地球内部的温度高达7000℃，而在80~100千米的深度处，温度会降至650~1200℃。透过地下水的流动和熔岩涌至离地面1~5千米的地壳，热力转送至接近地面的地方。高温的熔岩将附近的地下水加热，这些加热了的水最终会渗出地面。运用地热能最简单和最合乎成本效益的方法，就是直接取用这些热源，并抽取其能量。

地热能是可再生资源。按照其储存形式，可分为蒸汽型、热水型、地压型、干热岩型和熔岩型5大类。据测算，地球内部的热能量极为庞大，约为全球煤炭储量的1.7亿倍。每年从地球内部经地表散失的

热水型地热

热量，相当于1000亿桶石油燃烧产生的热量。

对地热能的利用有三种：蒸汽发电、直接利用中低温流体以及地源热泵。目前中国对地热发电直接开发利用已居世界首位，装机容量和年产能值分别达3687兆瓦特和12605吉瓦时。中国拥有大量中低温地热资源，仅中东部沉积盆地中就探明地下热水资源491.7亿立方米，它们蕴含的能量相当于18.54亿吨标准煤。目前的热泵技术已经实现了“三联供”，即用常温地下水冬季供暖，夏季制冷，四季供应生活用热水。热泵技术是目前可最大限度减少二氧化碳减排量的单项技术，与常规供热相比，可减排二氧

化碳6%。

地热能发电的方式

蒸汽型地热发电，是把蒸汽田中的干蒸汽直接引入汽轮发电机组发电，在此文前应把蒸汽中所含的岩屑和水滴分离出去。这种发电方式极为简单，但干蒸汽地热资源十分有限，且多存于较深的地层，开采技术难度大。

热水型地热发电，是地热发电的主要方式。目前热水型地热电站有两种循环系统：其一为闪蒸系统。当高压热水从热水井中抽至地面，压力骤然降低，部分热水会沸腾并“闪蒸”成蒸汽，蒸汽送至汽轮机做功；而分离后的热水可继续利用后排出，当然最好是再回注地层。其二为双循环系统。地热水首先流经热交换器，将地热能传给另一种低沸点的工作流体，使之沸腾而产生蒸汽。蒸汽进入汽轮机做功然后进入凝汽器，再通过热交换器重复沸腾，继续发电工作。地热水则从热交换器回注地层。这种系统特别适合于含盐量大、腐蚀性强和不凝结气体含量高的地热资源。

羊八井地热电厂位于藏北羊井草原深处，是我国目前最大的地热试验基地，也是当今世界唯一利用中温浅层热储资源进行工业性发电的电厂。电厂于1977年9月建成，目前装机容量已达25.15兆瓦，占拉萨电网总装机容量的41.5%，在冬季枯水季节，地热发电占拉萨电网的60.0%，成为其主力电网之一。

◀ 生物质能发电站

氢能源的前世今生

以氢为动力的汽车

氢的用途很广，适用性强。它不仅能用作燃料，而且金属氢化物具有化学能、热能和机械能相互转换的功能。例如，储氢金属具有吸氢放热和吸热放氢的本领，可将热量储存起来，作为房间内取暖和空调使用。

氢是自然界存在的最普遍元素，据估计它构成了宇宙质量的75%。除空气中含有氢气外，它主要以化合物的形态储存于水中，而水是地球上最广泛的物质。据推算，如把海水中的氢全部提取出来，它所产生的总热量比地球上所有化石燃料放出的热量还大9000倍。

现在，科学家们正在研究一种"固态氢"的宇宙飞船。固态氢既可作为飞船的结构材料，又可作为飞船的动力燃料。在飞行期间，飞船上所有的非重要零部件都可以转为能源而"消耗掉"。这样，飞船在宇宙中就能飞行更长的时间了。

氢能是一种高效清洁的二次能源，具有许多独特的优点：首先，氢能来源广泛，可以从化石能、核能、可再生能源中制取，有助于摆脱对石油的依赖；其次，氢能作为燃料，能在传统的燃烧设备中进行能量转化，与现有能源系统易兼容；第三，氢能通过燃料电池技术转化的能量，比利用热机转化效率更高，而且没有环境污染；另外，氢能能够储存，可以与电力互补。

氢燃烧性能好，燃烧速度快，环保性能好。科学家认为，氢能在21世纪有可能成为世界新能源舞台上一颗举足轻重的“希望之星”。正是因为氢能具有“明星”潜质，所以，世界各国纷纷加大科研力量和资金投入，对氢能的开发和利用展开研究。

美国前总统布什在2003年国情咨文演说中提议投入12亿美元研发使用氢能燃料电池的车辆。近年来，美国能源部投入巨额经费来补助汽车制造厂、私人公司以及研究机构进行氢能车辆的研发，研究范围包括氢气的储存、燃料电池、基础设施的发展以及氢能教育等。

在超音速飞机和远程洲际客机上以氢为动力燃料的研究已进行多年，目前已进入样机和试飞阶段。在交通运输方面，美、德、法、日等汽车大国早已推出以氢为燃料的示范汽车，并进行了几十万千

车载燃料电池

氢能源经济为我们展现了美好的前景。在接下来的15年内，全球会有500万到1000万辆环保车上路；到2050年，这个数字更会激增到3.5亿辆。欧盟委员会公布的一份报告也显示，如果大力推广氢燃料，那么到2050年，欧盟道路交通的燃油消耗量有望比目前减少40%。

米的道路运行实验。其中，美、德、法等国是采用金属储氢，而日本则采用液氢。

"氢能经济"瓶颈待破

目前，分离氢气的成本过高是开发氢能经济的最大问题之一。氢气并不单纯地存在于自然界中，而必须把它从其他物质中分离出来。最好是用风能、太阳能或地热能发的电，从水中分离它。制取氢气的技术已在工业上长期应用，但生产成本太高。只有将生产氢气的成本降到目前的1/10以下，才能真正启动氢能经济。科学家正在研究利用生化或是生物的方法来制造氢气，以降低生产成本。

氢能经济的另一项巨大挑战是在安全方面。由于氢气无色无味，其火焰近乎无色，如何在车辆中安全地储存、如何到类似加油站的地点补充氢气等都是问题。尤其是如何有效地储存燃料电池用的氢气，一直没有在技术上获得很好解决。不过，科技发展迟早会解决这个问题的。

补充氢气时的安全问题需要解决

第三篇

低碳生活，全民参与

节能灯，绿色照亮未来

节能灯也叫做紧凑型荧光灯

低碳生活，就是指生活作息时所耗用的能量要尽量减少，从而减低二氧化碳的排放量。低碳生活，对于我们普通人来说是一种态度，而不是能力，我们应该积极提倡并去实践低碳生活，就让我们从节电开始吧！

每只节能灯里汞含量大约为0.5毫克，我们在看到节能灯显著的节能效果的时候，也不要忘了节能灯汞污染的潜在危险因素。0.5毫克汞如果处理不当，渗入地下，就能造成180吨水污染，节能灯汞污染问题现在已经为更多有识之士所关注，这是一个迫切需要得到解决的现实问题。

节能灯又叫紧凑型荧光灯（国外简称CFL灯），它是1978年由国外厂家首先发明的，由于它具有光效高（是普通灯泡的5倍），节能效果明显，寿命长（是普通灯泡的8倍），体积小，使用方便等优点，受到各国的重视和欢迎，中国于1982年首先在复旦大学电光源研究所成功研制SL型紧凑型荧光灯，近三十年来，节能灯已经在公共场所、家居生活中广泛应用。

普通的白炽灯光效大约在每瓦10流明左右，寿命大约在1000小时左右，它的工作原理是：当灯接入电路中，电流流过灯丝，电流的热效应，使白炽灯发出连续的可见光和红外线，此现象在灯丝温度升到700K即可察觉，由于工作时的灯丝温度很高，大部分的能量以红外辐射的形式浪费掉了，特别是高温下灯丝的蒸发也很快，所以寿命也大大缩短了。

节能灯通过镇流器给灯管灯丝加热，灯丝上涂

节能灯的使用寿命更长

布有电子粉，大约在1160K温度时，灯丝就开始发射电子，电子碰撞氩原子产生非弹性碰撞，氩原子碰撞后获得了能量又撞击汞原子，汞原子在吸收能量后跃迁产生电离，发出波长为253.7nm

▶ 节能灯不仅低碳，而且经济

的紫外线，紫外线激发荧光粉发光，由于荧光灯工作时灯丝的温度在1160K左右，比白炽灯工作的温度2200~2700K低很多，所以它的寿命也大大提高，达到5000小时以上。同时，节能灯没有白炽灯那样的电流热效应，荧光粉的能量转换效率也很高，达到每瓦50流明以上。

那么，节能灯与碳排放到底有着怎样的关系呢？

10W的节能灯，一生能够节约多少标准煤？我国主要靠火力发电，烧的都是黑压压的煤。每发一度电，要烧去0.4千克标准煤，排放0.272千克碳粉尘、0.997千克二氧化碳、0.03千克二氧化硫、0.015千克氮氧化物。所以，一只节能灯在它的一生里，大约减排二氧化碳300~400千克。如果你家里用了节能灯，你应该为此感到自豪！

节能灯的价格比较高，老百姓不爱用。我们来算一笔账，10瓦的节能灯照明效果，相当于50瓦的白炽灯，使用25小时，节电1千瓦时，即1度电。按照每天照明5个小时计算，每年可以省电73度电，大约是30元人民币。名牌节能灯价格大多为20~30元，使用四五年没问题，它们发光的一生，能节约300元左右。所以，我们是不是该改变一下对节能灯的看法呢？

节能误区：频繁开关易使节能灯“短命”。人们常说：随手关灯，节约用电，这话对白炽灯对，对节能灯就不对了。节能灯的工作原理是利用电流能量触动荧光粉发光，开关时瞬间高压电可达2倍正常电压，再加上两端的强大电流，极易损坏节能灯。因此节能灯并不适用于走廊、感应灯等短时用灯的地方，切莫随手开关。

让生活炫起来的LED

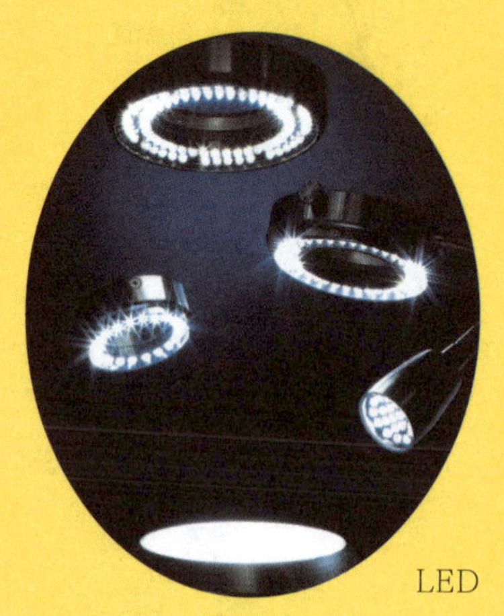
LED

电视待机的时候，都会有个小红点在闪烁，这就是LED，学名发光二极管。过去，LED的亮度太低，光谱又不全，用来照明照得人脸色惨淡，实在不够格。近年来LED技术突飞猛进，过去的问题一扫光。液晶显示器上已经开始采用LED，还出现了LED投影机。

大有前途的LED

LED是 Light Emitting Diode 的英文缩写，中文名为发光二极管，是一种固态的半导体元件，它可以直接把电转化为光。

LED 的核心部件是发光二极管，其发光原理是让移动的电子掉进量子阱，从而产生一定波长的光。由于这个过程几乎不存在热能损耗，因此相比于传统的白炽灯、荧光灯，发光效率高得多。

在同等亮度下，普通节能灯耗能相当于白炽灯的1/5。LED灯呢，它耗能相当于节能灯的1/5。普通节能灯的寿命大约8000小时。LED灯呢，10万小时！有专家计算过，如果中国的家庭照明50％用LED灯，那么每年至少可以节约相当于两个三峡电站的电力。

与普通白炽灯和日光灯相比，LED灯还有五大优势。一是节能：普通60W白炽灯17小时耗1度电，而LED灯1000小时仅耗几度电。二是超长寿命：半导体发光芯片、无灯丝，无玻璃泡，不怕震动，不易破碎，使用寿命轻松达到5万小时。三是健康：LED灯

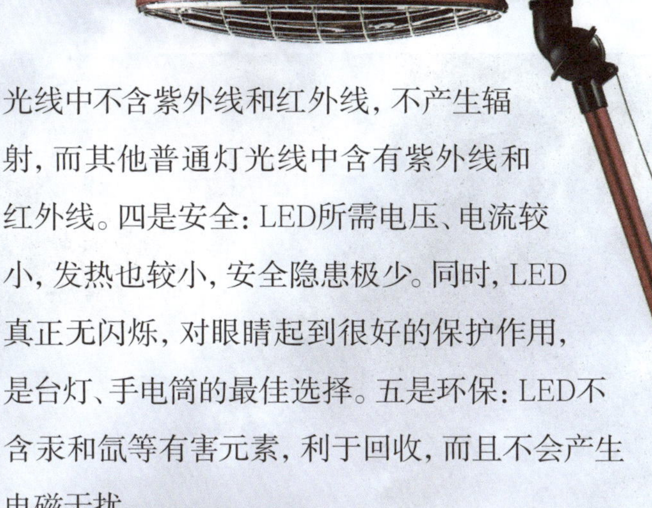
LED台灯对眼睛有很好的保护作用

光线中不含紫外线和红外线，不产生辐射，而其他普通灯光线中含有紫外线和红外线。四是安全：LED所需电压、电流较小，发热也较小，安全隐患极少。同时，LED真正无闪烁，对眼睛起到很好的保护作用，是台灯、手电筒的最佳选择。五是环保：LED不含汞和氙等有害元素，利于回收，而且不会产生电磁干扰。

LED的分类

按发光管发光颜色分，可分成红色、橙色、绿色（又细分黄绿、标准绿和纯绿）、蓝色等。另外，有的发光二极管中包含两种或三种颜色的芯片。根据发光二极管出光处掺或不掺散射剂、有色还是无色，上述各种颜色的发光二极管还可分成有色透明、无色透明、有色散射和无色散射四种类型。散射型发光二极管可做指示灯用。按发光管出光面特征可分为圆灯、方灯、矩形灯、面发光管、侧向管、表面安装用微型管等。按发光二极管的结构分，有全环氧包封、金属底座环氧封装、陶瓷底座环氧封装及玻璃封装等结构。按发光强度和工作电流分，有普通亮度的LED（发光强度100毫坎），发光强度在10~100毫坎间的高亮度发光二极管。一般LED的工

作电流在十几毫安至几十毫安，而低电流LED的工作电流在2毫安以下。目前，最新的LED高亮芯片，功耗可达2W，一颗芯片的亮度就可以相当于5W的节能灯。LED照明走入千家万户为时不远了。

2008 年北京奥运会开幕式现场的画轴在一个巨大的 LED 屏幕上打开。屏幕长 147 米，宽 22 米，是科技含量最高的一个巨大平台，构成历届开幕式面积最大的一个舞台，上面铺了 4 万 4 千个 LED。LED 制造的光影效果和表演密切结合，幻化出各种图案，将观众引入梦幻般的世界中。非凡的光影效果为本届开幕式的成功奠定了基础，LED 的演出应用被发挥得淋漓尽致。

▲ LED的核心部件是发光二极管

巧用冰箱和空调

冰箱和空调是我们在生活中经常使用的电器，可是你会正确使用它们吗？你可能会说，这个谁都会用。作为耗电较大的家用电器，你知道怎么使用它们能够更加省电吗？如果能够正确地使用它们，可以节省很多能源。

避免频繁开关冰箱

早期的冰箱制冷是靠氟利昂来实现的。氟利昂从液态变为气态时吸收热量，把冰箱内部的空气中的热量吸收了，食物的热量又被冷却的空气吸收掉。这样，冰箱内部变冷了。氟利昂又经过冰箱外部的冷凝器，把它的热量散失在空气中。由于氟利昂对臭氧层的破坏非常严重，新一代的冰箱都已改用无氟技术。

冰箱是家庭的用电“常青树”。电视机、洗衣机虽然也很耗电，但它们可以在不使用的时候关起来。冰箱就不同了，若要使冰箱里的物品保鲜的话，就得持续用电。

现在的冰箱都注意节能，号称一天只耗费一度电，这些看上去很美的数据其实只有在理想的状况下才会实现。实际上，如果频繁开关门，或者是物品摆放不当，耗电都会很快上升。经常开关冰箱门，就会使冰箱中的冷气跑出来，外面的暖空气趁机钻进去，使温度升高，要使温度重新降下去，就要消耗更多的电量。不但如此，外面的温暖潮湿的空气进入冰箱，还会使冰箱里结上一层厚厚的霜，很不利于冰箱正常工作。

冰箱内存放食品最好能够占去总容积的80%，过多或过少都会增加耗电。食品之间应该保留1厘米的空隙，食品也不要紧贴内壁。水果蔬菜最好能够摊开摆放，堆在一起会使它们内部的温度很难降到保鲜最适温度。

还有一个小窍门，在冰箱制冰之后，可以把冰块放到冷藏室存放，即用即取，方便又省电。北方有

▼ 注意冰箱内食品存放的位置

暖气，很多人家的冰箱都放在厨房，晚间不妨把厨房暖气拧小一些，这样既可使冰箱省电，又可以减少蟑螂，岂不是美事？

就用电量来说，冰箱和空调比起来，就是小巫见大巫了。空调是个耗电大户，在空调使用上动动心思，节电成效会很大。

空调在启动后一段时间内非常费电，所以使用空调的第一个要点是要避免频繁开关。空调使用过程中温度不能调得过低。因为空调所控制的温度

▼ 使用空调时应当注意房间的密封性

调得越低，所耗的电量就越大，夏天一般把室内温度保持在26~27摄氏度就行了，冬天室内温度在20摄氏度就会使人感觉很温暖了。夏天的时候，最好不要把空调温度调到最低，然后穿着棉衣吹空调。无论是冬天还是夏天，让室内温度与室外温度相差5~10摄氏度，既经济又健康，因为室内外温差小不易招致感冒。

还应注意的就是房间的密封性，关闭门窗，尽量减少开关门，养成随手关门的习惯。这样就会减少房间内的空气和室外空气的交换，减少热量流失。使房间内的温度适宜的同时，还能够节省很多的电量。

我们可以在空调下方放置一台风扇，徐徐送风，增加室内空气循环，帮助提高制冷效果。经常清除空调过滤网上的灰尘，既可保持空气清洁，又可使空气循环系统保持畅通，以达到省电的目的。

细心的朋友还可以给空调和风扇定时，晚上睡觉的时候，让空调在5小时后自动关闭，此时风扇开启，这样，空调和风扇接力，就能保证整夜的清凉了。有些地方温度不太高，但湿度大，空气中水分太多，令人烦闷，这时开启空调的除湿功能就足够了。

空调给人们带来舒爽的同时，也带来一种“疾病”。长时间在空调环境下工作学习的人，因空气不流通，环境得不到改善，会出现鼻塞、头昏、打喷嚏、耳鸣、乏力、记忆力减退以及一些皮肤过敏的症状，如皮肤发紧发干、易过敏、皮肤变差等。这类现象在现代医学上称为“空调综合征”或“空调病”。

电梯节电学问大

电梯成了人们生活中必不可少的一部分

随着楼房越盖越高，大型商场越来越多，电梯成了人们生活中必不可少的一部分，上楼不用爬楼梯了，逛商场也可以省很多力气。电梯的使用虽然方便了人们的生活，但是频繁地使用电梯，能源消耗越来越多，给低碳生活的目标增加了重重障碍。

电梯按速度可分低速电梯（1米/秒以下）、快速电梯（1～2米/秒）和高速电梯（2米/秒以上）。1852年，美国的E.G.奥蒂斯研制出钢丝绳提升的安全升降机。19世纪80年代，驱动装置有进一步改进，如电动机通过蜗杆传动带动缠绕卷筒、采用平衡重等。19世纪末，采用了摩擦轮传动，大大增加电梯的提升高度。目前世界速度最快且运行距离最长的电梯速度最高达每秒17.4米。

世界上第一台电梯出现在美国的纽约，1887年，美国的奥蒂斯公司制造出世界上第一台电梯。1889年，它被装设在纽约的德玛利斯大厦。这座古老的电梯，采用直流电动机为动力，通过蜗轮减速器带动卷筒上缠绕的绳索，悬挂并升降轿厢。

令人不可思议的是，这台电梯每分钟只能走10米左右，如果不是为了尝试新奇的机器，谁会为了节省那么点力气而忍受这个慢腾腾的家伙呢？

随着人类历史的推进，科技在飞速发展，电梯也早不是原来的那个灰头土脸的模样了，150年来，电梯的材质多样化，样式由直式到斜式，在操纵控制方面更是步步出新——手柄开关操纵、按钮控制、信号控制、集选控制、人机对话等。多台电梯还出现了并联控制，智能群控；双层轿厢电梯可以节省井道空间、提升运输能力；变速式自动人行道扶梯节省了行人的时间；扇形、三角形、半菱形、半圆形、整圆形的观光电梯异彩纷呈，身处其中的乘客的视线开阔，心情十分愉悦。

电梯是耗电大户，能不坐就不坐。不过，现在的大厦动辄几十层，天天爬楼虽说锻炼身体，也不是常人所能。那么下楼呢？膝盖受得了，就走走吧。不

电梯是耗电大户

过从低碳的理念来说，建筑师们该留意了，把楼梯设计得舒适些吧，至少别太憋闷。商场也不妨放弃一些恨不得让客人逛迷路的购物心理学，多做些直梯，把顾客一口气带到顶层，然后一层层走楼梯来逛商场，这要减少多少碳足迹啊。

在对宾馆、写字楼等的用电情况调查统计中，

▼ 观光电梯

电梯用电量占总用电量的17%~25%，仅次于空调用电量，高于照明、供水等的用电量。如果这些电梯采用变频调速装置，将使乘坐舒适度大大增加，又能节约相当可观的能源。

国外一些公司在电梯回馈制动单元上做节能文章。升降电梯在使用电梯回馈节能产品后，能有效地将电容中储存的直流电能转换成交流电能回送到电网。节电率达25%~45%。

动能还原为电力，降低了机房的环境温度，也改善了电梯控制系统的运行温度，使控制系统不容易死机，延长了电梯使用寿命。机房可以不再使用空调，可谓全流程省电。

目前全国电梯年耗电量约300亿度。通过较低楼层改走楼梯，多台电梯在休息时间只部分开启等行动，大约可减少10%的电梯用电。这样一来，每台电梯每年可节电5000度，相应减排二氧化碳4.8吨。全国60万台左右的电梯采取此类措施每年可节电30亿度，相当于减排二氧化碳288万吨。

电梯里是个狭小封闭的空间，靠外部的电力系统运行，很多人都担心，如果乘坐电梯时突然断电，电梯会坠落吗？运行中如果遇到突然停电或供电线路出现故障，电梯会自动停止运行，不会有什么危险。因为电梯本身设有电气、机械安全装置，一旦停电，电梯的制动器会自动制动，使电梯不能运行。所以遇到这种情况乘客不必担心，应该镇定，等待救援。

笔记本电脑的省电妙法

笔记本电脑省电有妙招

笔记本电脑以其轻巧的体积、个性化的设计和良好的便携性，赢得了越来越多电脑用户的青睐。随着电脑技术的发展，在配置上完全可以和台式机媲美，而价格越来越低廉，越来越多的人在选购电脑的时候倾向于购买笔记本。昔日的王谢堂前燕，如今也飞入寻常百姓家了。

1979 年，Grid Compass 1109 电脑问世，这是人类有史以来对笔记本电脑制作的第一次尝试。这款电脑是英国人威廉·摩格理吉在 1979 年为 Grid 公司设计的。不过这款电脑问世后的面向对象只是美国航空航天领域。人类历史上首次从扇贝上获取灵感制造的轻便电脑，普通民众是无法与其接触的。

大多数笔记本电脑电池的使用时间可以保持2个小时左右，让人觉得很不满意。其实电池无法支持较长时间，很多时候是使用问题，如果不考虑另购置电池而又想做延展，无疑，就要从节能省电角度着手。有很多种方法可以大幅度压缩笔记本电脑的工作能耗，从而让它的电池工作得更加持久。

合理使用、保养笔记本电池也能节电，降低屏幕亮度对降耗最有效。笔记本电脑在运行过程中，CPU、内存、硬盘、主板、显示器、扬声器以及光驱等设备都会消耗一定电量，而且会根据不同应用程序而产生不同的耗电量。这也就是为什么笔记本用来观看DVD碟片或运行3D游戏时，电池使用时间明显比文档编辑、上网浏览短的原因所在。

因此，我们节能便可以从这里入手，关闭或者降低不使用的设备性能，例如在进行文档编辑等无需非常强劲性能的时候，可以适当降低CPU的运行频率，而在不观看影片的时候可以适当降低屏幕的

▼ 合理使用和保养笔记本电池

1985年，由日本东芝公司生产的第一款笔记本电脑T1100正式问世，目前为止它是多数国内媒体公认的第一款笔记本。

笔记本电脑的外壳既是保护机体的最直接的方式，也是影响其散热效果、“体重”、美观度的重要因素。笔记本电脑常见的外壳用料有：合金外壳有铝镁合金与钛合金，塑料外壳有碳纤维、聚碳酸酯PC和ABS工程塑料。铝镁合金一般主要元素是铝，再掺入少量的镁或是其他的金属材料来加强其硬度。外壳散热越好，风扇使用就越少，这同样能节省不少电力。

亮度和关闭光驱等外设，而在无需使用无线网络的时候则可通过关闭无线网卡来省电。

目前笔记本电脑使用的电池多数为锂电池，理论上不存在记忆效应，但是为了能更好地使用，同时也能更省电，在笔记本的使用过程中，如果使用环境能够提供稳定的供电，则尽量采用电源适配器供电，可以避免电量在电池充放的过程中消耗。不要嫌麻烦，在接上交流电工作之前，你应该关机并把电池拔掉，免得反复充电，既耗费电力，又损耗电池寿命。笔记本功率虽然不过50W左右，不过，真的要你骑车来发电，也要蹬得飞快才行。这么说来，笔记本的碳足迹也是相当可观的。

在使用多媒体时，扬声器的音量也是影响用电的一个因素，音量越大，耗电量也越大。因此，当使用电池供电使用笔记本时，尽量不使用扬声器。即使要用也不要把音量开得过大。

及时监控系统资源，调整笔记本工作状态，减少进程读取时间，也可以为笔记本节能。调出进程菜单，然后对进程资源进行设置，或者运行诸如“超级兔子”之类的系统清洁软件，进行系统修复整理修改操作，不仅可以节能，同时也可以节省系统空间，可谓一举两得。

▲ 尽量采用电源适配器供电

巧用燃气灶，节能又省钱

每个人都离不了一日三餐，尽管外面有大大小小的餐馆，但还是有很多人愿意自己动手，亲自下厨做一顿可口的家常饭，不但省钱，一家人坐在一起其乐融融，也使家显得更加温暖。你知道吗？做饭时，燃气如果使用得当，可以节约很多的能源，既减少支出，还能降低碳排放。

注意控制燃气大小

你是否为日复一日上涨的燃气价格苦恼？ 火力大小是一般选择燃气灶的直观指标。家用燃气灶具设计的热流量值越大，加热能力越强，也就是我们平时所说的猛火，但猛火不一定代表好。

实际上，热流量的大小应与烹饪方式及灶具相适应。如果一味地追求大的热流量，会大大降低灶具热效率，增加废烟气排放量。做饭时，火也不是越大越好。燃气灶是靠火焰通过对流传热给锅底，但火焰与锅底的接触时间很短，大量的热量未被利用就转瞬即逝，也就是说有将近一半的燃气被浪费掉了。

定期清洗、保养热水器和灶具，以便燃烧充分。火焰呈红黄色说明缺氧，产生“脱火”现象则说明空气过多，此时可适当调整灶具风门，待火焰呈紫蓝色时，表示燃烧充分。

与煤炭、石油等能源相比，天然气在燃烧过程中产生的能影响人类呼吸系统健康的物质极少，产生的二氧化碳仅为煤的40%左右，产生的二氧化硫也很少。天然气燃烧后无废渣、废水产生，具有使用安全、热值高、洁净等优势。但是，对于温室效应，天然气跟煤炭、石油一样会产生二氧化碳。因此，不能把天然气当做新能源。

烹饪时，应先把要做的食物准备好再点火，避免烧“空灶”。菜可切丝的，尽量切细丝；只能切片的，也尽量切薄片。若是烧汤、炖东西，先用大火烧开，关小火只要保持锅内的汤滚开而又不溢出就行；火的大小可根据锅底的大小来决定，火焰分布的面积与锅底相齐或略小于锅底面积为最佳；最好不要用蒸，蒸饭时间是焖饭时间的3倍；使用的锅、壶，应抹干表面水渍再放到灶上去，这样热能传导快，节约用气；若有风把火焰吹得摇摆不定，可以购置“挡风罩”，保证火力集中。

锅底与炉头的距离要适当，距离太大，则热量散失太多；距离太小，则燃气不能充分利用。锅底与炉头的最佳距离据测算一般以20~30毫米为宜，这时候

定期清洗和保养热水器

既省气，烹调效果也好。

锅底清洁很重要，特别是铁锅用久了，锅底会积上一层黑色的脏物，这种东西既不雅观又会起到隔热的作用，因此要定期清理，免得影响导热。

烧水的铝壶铝锅，用久了会积上一层坚硬的水垢，这种

东西既影响健康，又影响传热，因此要经常清除。

选用高压锅烧煮食物，省气省时保营养。锅底直径越大，火焰传导给锅底的热量越多，散失则越少，所以应选择直径较大的炊具。

▲ 巧选炊具也能节省燃气

建设资源节约型与环境友好型社会的提出，国家对城市燃气领域的开放，以及管道建设的延伸，为中国城市燃气的发展提供了难得的机遇。随着城市燃气发展机遇期的到来，天然气、液化天然气（LNG）、液化石油气（LPG）三种气源在中国城市燃气中的关系将是能源互补、相辅相成的关系。

低碳生活，坐车出行

汽车污染日益成为全球性问题

在车水马龙的街头，一股股浅蓝色的烟气从一辆辆机动车尾部喷出，这就是通常所说的汽车尾气。汽车尾气一直都是“低碳生活”的大敌。汽车尾气包含多种污染空气的物质。可以说，汽车是一个流动的污染源。在世界各国，汽车污染早已不是新话题。

尾气在直接危害人体健康的同时，还会对人类生活的环境产生深远影响。尾气中的二氧化硫具有强烈的刺激气味，在空气中达到一定浓度时容易导致“酸雨”的产生，造成土壤和水源酸化，影响农作物和森林的生长。近百年来，气候变暖已成为地球的一大祸患。冰川融化、水位上涨、厄尔尼诺现象、拉尼娜现象等都对人类的生存带来了严峻的挑战。

进入21世纪，汽车污染日益成为全球性问题。随着汽车数量越来越多、使用范围越来越广，它对世界环境的负面效应也越来越大，尤其是危害城市环境，引发呼吸系统疾病，造成地表空气臭氧含量过高，加重城市热岛效应，使城市环境转向恶化。

有关专家统计，到21世纪初，汽车排放的尾气占了大气污染的30%～60%。随着机动车的增加，尾气污染有愈演愈烈之势，由局部性转变成连续性和累积性，而各国城市市民则成为汽车尾气污染的直接受害者。

汽车尾气主要分为汽油尾气和柴油尾气。其中含有上百种不同的化合物，主要污染物有固体悬浮微粒、一氧化碳、二氧化碳、碳氢化合物、氮氧化合物、铅及硫氧化合物等。

欧盟的环保专家认为，要减少汽车污染对城市环境的危害，最有效的办法是调整城市交通政策，大幅减少私家车出行数量，优先发展公共交通，提倡自行车交通；同时，还应加速发展、普及环保型汽车，减少对石化燃料的依赖。

算一笔账，一个普通体重的人，出行8千米，乘坐轨道交通可比自己开车少排放1.7千克的碳。交

▼出行减少二氧化碳排放最好的办法是乘坐公交车

通产生的二氧化碳占全球温室气体排放量的30%以上，减少此类排放量的最好办法之一是乘坐公交车。美国公共交通联合会称，公共交通每年节省近53亿升天然气，这意味着能减少150万吨二氧化碳排放量。大家都乘坐公交车，还能缓解交通压力。道路畅通，也会使自己心情舒畅，何乐不

▲ 骑自行车出行，不仅低碳环保，而且锻炼身体

为呢？

开车族们请注意了，即便一定要开车，也有不少方法可以减少污染。比如，有计划地购物，一次购买一周的用品，省油又减排。驾驶技术上也有讲究，比如：避免冷车启动、尽量避免突然加速、不要低挡跑高速、用黏度最低的润滑油、定期更换机油、高速驾驶少开窗、轮胎气压要适当，等等。还有一点很重要，放低一些虚荣心，别再追求推背感，为了地球，放低身段，选择那些污染小的小排量车吧。

如果距离不是很远，也可以骑自行车，不但为降低碳排放作出了贡献，还能锻炼身体，不用担心长期不运动会变得肥胖了。如今电动自行车也越来越普及，这也是个不错的选择。

低碳生活要靠大家的努力，一起来营造一个健康的、绿色的生活空间吧。

1955 年 9 月，严重的汽车尾气加上气温偏高，洛杉矶再次出现了光化学烟雾，而且浓度非常高，光化学烟雾严重影响了人们的呼吸道功能，尤其会损伤儿童的肺功能；症状为胸痛、恶心、疲乏等，导致了几千人受害，两天之内就有 400 多名 65 岁以上的老人由于症状严重而死亡，生长在郊区的蔬菜全部由绿变褐，无人敢吃；水果和农作物减产，大批树木落叶发黄，几百平方千米的森林有四分之一以上干枯而死。

你知道吗，节水也是“低碳”

水是生命之源

水是生命之源。人类的生存需要水，我们的生活和经济社会系统的运转都离不开水。在日常生活中，我们一拧水龙头，水就源源不断地流出来，可能丝毫感觉不到水的危机。但事实上，我们赖以生存的水，正日益短缺。面临全球性的水资源匮乏，第47届联合国大会确定每年3月22日为世界水日。

我国是世界上12个贫水国家之一，人均淡水资源还不到世界人均水量的1/4。全国600多个城市半数以上缺水，其中108个城市严重缺水。地表水资源的稀缺造成对地下水的过量开采。20世纪50年代，北

水（H_2O）是由氢、氧两种元素组成的无机物，在常温、常压下为无色无味的透明液体。水是包括人类在内所有生命生存的重要资源，是生物体最重要的组成部分。水在生命演化中也起到了重要的作用。水是工业、农业、服务业的命脉。回溯人类文明的起源，毋庸置疑，是水孕育和造就了四大文明古国。水的文明史与世界文明史密切相关。

地球上的水是不断循环和变化的。但它并不是取之不尽、用之不竭的，而是最为宝贵和不可替代的自然资源。从太空看地球，它似乎是一个“水球”。因为地球表面71%的面积被水所覆盖，总水量

为13.68亿立方千米（1立方千米=10亿立方米）。但是，其中绝大多数是海水，约占总水量的96.5%。分布在陆地的淡水水量大约只有0.48亿立方千米，约占总水量的3.5%。因此，地球可用的淡水资源极为匮乏。

京的水井在地表下约5米处就能打出水来，现北京4万口井平均深达49米，地下水资源已近枯竭。

我国人均水资源量为2173立方米，仅为世界人均拥有量的1/4。在缺水的同时，由于经济发展和人口增加，我国的用水量在不断增加，污水排放量也在增加。大家

水是农业的命脉

已不同程度地察觉到，生活的自然环境在不断发生变化，人类赖以生存的河流、湿地等生态系统也在发生剧烈的变化，一些生态系统退化问题触目惊心。我国许多地方面临着“有水皆干、有水皆污”以及“湿地退化、河道断流、地下水超采、入海水量减少”等严峻水问题的挑战。

▲ 洗澡最好在15分钟内完成

我们在日常使用水资源的时候，应养成良好的习惯。在家庭中如何节约用水？方法有很多，比如，洗澡最好在15分钟内完成；家中常备水桶，把洗菜、洗衣服、打扫卫生的水收集起来冲马桶，或将浴室的水管与马桶的储水箱连接起来，用洗浴水冲厕所；定期检查水管的漏水现象，并及时更换橡皮垫；使用空调时，滴下的水用桶收集起来，完全可以变废为宝；还有洗衣机洗少量衣服时，水位定得太高，衣服相互之间缺少摩擦，反而洗不干净，同时还浪费水，因此，衣服太少了可以先不洗，等多了以后集中起来洗，这样可以有效节水。

“不积小流，无以成江海”。当我们每天接受水的洗礼时，当我们享受水给人类带来福利的同时，请不要忘记真诚地说声“谢谢”。每个人都应怀有一份爱与感谢之心，要怀有对水的敬畏之心，从点滴做起，节水、爱水，珍惜水资源、保护水资源，保护我们生活的美好世界。

低碳生活，从节水做起。

除了日常生活用水外，农业也是消费水资源的大户，以前农业采用漫灌的方式进行灌溉，有的水有效使用率只有60%，极其浪费水资源。现在的农业采用先进的灌溉技术，例如滴灌技术，可以使用水的95%都得到有效利用。

还大自然一片绿色

2010年夏季甘肃舟曲发生泥石流灾害

当你处在环境优雅、窗明几净的环境里学习、工作时，当你漫步在水清倒影的湖畔，注视波光粼粼的湖面时，当你徘徊在桃红柳绿之下，倾听着悦耳的莺歌燕语时，你一定会感觉很惬意。而此时此刻，你一定不会感觉到危机的来临吧？你相信这秀美的山川、这美妙的景物，终有一天会离你而去吗？

据统计：目前我国沙漠、戈壁以及沙漠化土地共149.6万平方千米，占全国总面积的15.5%，其中约有16万平方千米是人为造成的，现在仍以平均每年1560平方千米的速度扩展。

“保护环境，刻不容缓”的口号一提出，就得到了世界各地的响应，全世界的人们都意识到了环保的重要性。2008年北京奥运会就提出“人文奥运”、“绿色奥运”的口号。的确，谁不希望有一个舒适优美的环境？然而，目前的状况是全世界都面临着严重的环境危机！

这场危机引起了人们的高度重视，于是“提倡环保，还我绿色家园”的生态口号，低碳生产生活的理念应运而生。在世界的各地，虽然语言表达各不相同，但其目的都是为了维护人类赖以生存的地球。因为还大自然一片绿色需要我们共同的努力。

2008年，对于我国来说是不平凡的一年，一方面是北京奥运会的举办另我们欢欣鼓舞，另一方面汶川大地震却带给我们累累伤痕，同时也给我们敲响了警钟——大自然的威力不可忽视。

由于近几十年来，有些地区只注重追求经济指标的增长，中国西南部，岷江、金沙江上游的水电开发达到了近乎疯狂的程度，沿江开挖山坡、损毁植被和堆弃土石废渣以建设高耗能、高污染的矿产工业园区，都造成了山体失稳崩滑的隐患。2010年夏天，甘肃舟曲发生山体滑坡、泥石流自然灾害，伤亡人数达到一千多人，天安门降半旗致哀，举国上下默哀三分钟；巴基斯坦洪水横流，一片汪洋，人们流离失所。不断发生的灾害告诉我们只有更加重视环保，更加重视绿色生态，我们才能长久幸福地生存下去。

根据长江水利委员会2003年10月编制的《金沙江干流综合规划报告》中推荐的水电梯级开发方案，金沙江水电开发由19个梯级组成。在金沙江开发启动前后，长江上游主要支流的梯级开发也已经大规模启动。其中岷江干流规划了17个梯级电站；大渡河干流规划为24级；雅砻江干流规划了21个梯级；乌

沙漠面积在不断扩大，森林面积相对逐年减少，滥砍乱伐使蓊蓊郁郁的森林被茫茫无边的沙漠所吞噬，危及人类自身的生存。绿色是生命的象征，破坏绿色就是抹杀生命；保护绿色，发展绿色，就是保护生命，延续

▼ 树木被砍伐

江干流规划了12个梯级水电站；嘉陵江干流规划了17个梯级枢纽。水电站集中在短期内开发近乎疯狂，对生态的影响不容忽视。

生命。

众所周知，森林是大自然的总调度室，是人类一笔宝贵的财富，它不仅能够调节气候、美化环境，而且还可以提供大量木材，保证农牧业的稳定发展。所以保护森林是留住绿色生态的重要途径之一。

地球母亲的安危完全掌握在我们自己手里，面对沙漠化的挑战和绿色危机，我们又岂能无动于衷、袖手旁观、坐以待毙呢！植树造林、造福后代，是我们每个人义不容辞的责任。从我做起，从现在做起，用绿色装点祖国的大好河山，筑起一道绿色长城，去营造一个“千里莺啼绿映红”的新环境。

让我们一起来还生态一个本色，还大自然一片绿吧！

▼ 还大自然一片绿色，共筑绿色长城

第四篇
打造低碳世界

《京都议定书》与哥本哈根气候大会

异常天气频发

随着时代的发展，社会的进步，低碳生活的理念已经深入人心，人们开始不断地追求着节能环保的新生活，而这种生活的重要转变是出现在一次大会和一份协议书。这便是《京都议定书》与哥本哈根气候大会。

科学的发展，世界经济的不断增长使人们的生活在逐步变好。在经济不断增长的同时，世界的环境却发生了许多变化，出现了许多异常的天气：暴雨、山洪、暴雪、雷电、台风等。就中国来说这样的异常天气也时有发生，2008年，南方大部分地区以及部分西北地区发生了罕见的冰雪灾害，它范围广，持续时间长，破坏性大，给当地居民带来了沉重灾难。

早在20世纪的90年代，联合国组织就十分重视地球气候的变化，深知气候变化对世界的影响，于1997年在日本东京开展了联合国气候大会，在会上通过了《京都议定书》，目的是为了人类免受气候变化带来的威胁，规定发达国家从2005年开始承担减少碳排量的义务，到2012年则由发展中国家开始承担此义务。全球已经有大部分国家签署了此协定，但是到目前为止美国仍没有签署本议定书。这是人类历史上第一次用法律法规来限制温室气体的排放，对环境保护来讲，有着重要的意义。

到了21世纪，人们保护家园的呼声越来越高，在此形势下，联合国又组织了一次世界气候大会，在丹麦的首都哥本哈根举行，这次会议得到人们的广泛重视，曾被誉为“拯救人类的最后一次机会”，会上努力通过一个新的条约来代替《京都议定书》，因为《京都议定书》将在2012年到期。本次会议取得了

▲ 哥本哈根世界气候大会

较大进展，会议上确定了减排的方式方法，发达国家强制执行，而发展中国家则采取自主方式进行减排；在发达国家提供资金和技术支持其他国家进行应对气候变化上也取得进展，让发达国家承诺提供资金，而且建立多变基金来保证资金的充足，同时

美国是全球温室气体排放量最大的国家，人口仅占全球人口的3%至4%，而排放的二氧化碳却占全球排放量的25%以上。美国曾于1998年签署了《京都议定书》。但2001年3月，布什政府以“减少温室气体排放将会影响美国经济发展”和“发展中国家也应该承担减排和限排温室气体的义务”为借口，宣布拒绝批准《京都议定书》。

也进行技术方面的开发与转让，让发展中国家多积极努力地投入节能减排之中。然而，令人遗憾的是，大会只是通过了一个无法律约束力的《哥本哈根协议》，在很多重大问题上进展不大。

从《京都议定书》到哥本哈根气候会议，人们对气候变化的认识越来越强烈了。虽然现在的气候仍在不断变化，但是人类已经开始了努力，从大量排放温室气体，到法律约束减排，再到主动减排，人们的道路越来越宽广，相信在不久的未来，会达到之前两次会议所定下的目标。

法律文件的作用是约束和制约成员国的，但是要真的减排还需要各国主动去做，只有努力去做了，而且落到实处了，才会有所成效，现在减排已经有了初步成效，还地球一片绿色，还子孙后代一片乐土，一切为时未晚。

中国是近年来节能减排力度最大的国家。2006 至 2008 年共淘汰低能效的炼铁产能 6059 万吨、炼钢产能 4347 万吨、水泥产能 1.4 亿吨、焦炭产能 6445 万吨。截至 2009 年上半年，中国单位国内生产总值能耗比 2005 年降低了 13%，相当于少排放 8 亿吨二氧化碳。

美国是全球温室气体人均排放量最大的国家

限塑令能限碳吗

塑料袋的确给生活带来了方便

大自然中总是有这样一些东西在漂浮着，它们或白或红或黑，随着风向自行飞翔，尽情翱翔在蓝天白云下。远观像是风筝，给人无限美好的想象；近观却给人许多失落，它就是大自然中不自然的飞翔物——塑料袋。

禁用塑料袋的国家有孟加拉国、爱尔兰、卢旺达、以色列、加拿大、肯尼亚、南非、新加坡。禁用塑料袋的城市：2007年3月27日，旧金山成为美国第一个禁用塑料袋的城市。同年，伦敦也成为了禁用塑料袋的城市。

一百多年以前，塑料袋诞生了，而当时的发明者马克思·舒施尼怎么也不会想到在一百多年后的现在它竟成为环境污染的主要污染物之一。当初它的出现给人们带来了许多方便，人们亲切的称之为“方便袋”。

的确如此，它给我们的生活带来了诸多方便，体现在衣食住行各个方面：到超市时，可以给我们盛装自己所购买的大量物品；食品厂所生产的食品也大都用塑料袋包装，不仅增加了食品的美观而且还延长了食品的保质期；在购买流质的食品时购物者也可以用塑料袋盛装拎着回家，方便快捷；在家中，所用过的塑料袋可以盛装垃圾，一举两得。

▼ 滥用塑料袋造成污染

但是，塑料袋的出现也带来了巨大的危害，首先它不易降解，如果是自然降解大概需要两个世纪的时间才能完成，大量的塑料袋涌入自然界，给自然界带来太多的污染。另外它影响土壤的质量，导致土壤肥力下降，并伴有污染物，使农业的发展也受到影响。

基于塑料袋的种种弊端，中国出台了限制塑料袋使用的规定：禁止生产、销售超薄的塑料袋。自2008年6月1日起，全国各大商场实行有偿使用塑料袋，顾客要自行购买塑料袋，以此来限制塑料袋滥

▼ 使用环保袋既时尚又低碳

用的问题。同时工商局也有了相关的规定来约束商场，使限塑令有效执行。

自限塑令实施起，中国的商场中使用塑料袋的顾客越来越少了，人们开始用一些自制的篮子以及其他材料的袋子来盛物品，这样就大大减少了塑料袋的使用量。现在所使用的塑料袋大都是环保类型的，有木质类型的，有再生材料的，它们共同的特点是水溶性好，可以被水溶解，另外自然降解也快。

限塑令可以在一定程度上限制碳的排放。首先，现在对于塑料袋的处理大部分是用焚烧的方法，在燃烧的过程中放出很多二氧化碳，加重了碳的排放量。限塑令的出现使得塑料袋的使用量减少，这样碳的排放得到一定的减少。其次，在限塑令实施的过程中，人们的环保意识在不断强化，低碳理念也得到提升，这样低碳就在潜移默化中走进了人们的生活。

所以，限塑令限的不仅仅是“塑”而已。

目前，全世界塑料年产量为1亿吨，中国塑料年产量为300万吨，消费量在600万吨以上。如果按每年15%的塑料废弃量计算，全世界年塑料废弃量就是1500万吨，中国的年塑料废弃量在100万吨以上，废弃塑料在垃圾中的比例占到40%。

上海世博——从低碳到零碳

世博汉堡之家的低能耗房间

世界博览会是一项国际性的博览活动，各个参展国家将向全世界展示本国的当代经济、政治和文化成果。世博会是现代经济的前沿阵地，是不同文化精髓的交融所，有着巨大的作用和影响。尤其是向世界传达和展现着现代生活的前沿理念。

“世园会”区别于世博会，全称是世界园艺博览会，是由国际园艺花卉行业组织——国际园艺者协会批准举办的国际性园艺展会。迄今为止，“世园会”只在发展中国家举办过两次——“1999年中国昆明世界园艺博览会”和“2006年中国沈阳世界园艺博览会”。

世博会是展现最新科技的地方，每一届都有着不同的理念，如今在《京都议定书》和哥本哈根气候会议的影响下，低碳生活的理念已经深入人心，人们开始认识到了低碳生活的重要性，并且在生活中时时践行着低碳生活的理念，2010年上海世博会也是如此，将低碳理念深入其中，并且在许多场馆中得到展现。

“低碳世博”是本届上海世博会的重要主题之一，本届世博会充分展示了低碳世博，甚至零碳世博。

首先是建筑上，许多国家的场馆中把铝制或铁制的门窗换成塑料的，改变了金属吸热导热快而不能储存热量或者减缓热量消耗的不利因素。另外还安置了多层玻璃，这样就形成了一个独立的空间，在此空间里空气流动较小，形成了一层天然的保温系统，维持着室内的温度，既保温又节能。

其次是照明设备上，本届世界博览会多采用低碳太阳能灯，用太阳能来照明，而不是采用城市供电系统，这样就节省了电的使用，实现了低碳的理念。就算小到一幅瓷板画，也应用新的建筑陶瓷薄板技术进行铸造，在其生产的过程中节省了许多资源，实现了低碳。

▼ 世博园伦敦馆的屋顶

再次是非电空调的应用，本次世博会中许多国家的场馆使用非电力的空调，它采用天然气作燃料。使用燃气空调，减少了电力的消耗，而且它的效率很高，成为低碳世博中的一个重要组成部分。

另外，在世博馆内还出现了“零碳先锋”，由多家企业自发加盟组建。他们致力于实现碳的零排放，实现低碳生活、低碳生产。

▼ 世博园瑞士馆外墙的太阳能电池

在世博园中有一所特殊的场馆，就是实现零碳排放甚至负排放的英国伦敦馆。伦敦馆的房顶、围栏等地方都铺设了太阳能光板来收集热能用于日常生活。而且还建造了地下储水设备以及集水设备，用来收集存储水。此外还有风能设备，能够良好地利用大自然赐予的风力。多方面的能量采集，使得此馆正常运行不需要外部供电，达到了零碳排放，如果都按照这样的节能排碳模式发展，有一天碳的负排放将会实现。

在中国国家馆中，也有一个零碳馆，是仿照英国馆建立的，具有着特殊的意义，风能、生物能、太阳能等新型的能源都得到应用。它的发展与应用，将引领着人们的低碳生活走得更远。

世博会虽然已经结束，但是它提倡的低碳生活、低碳生产理念将一直延续下去。低碳终将引领潮流。

部分上海世博会之最：世界上参加国家和组织最多的世博会，合计有240多个；志愿者人数最多的世博会；具有5000平方米世界上最大面积的生态墙；世博会园区面积是历届之最，园区在市中心占地多达5.28平方千米。

碳关税暗含玄机

随着经济发展速度的增快，碳的排放量在不断增加，导致世界环境发生了许多变化，温度升高，海平面上升以及一些恶劣天气。归其原因是在经济发展中碳的排放量过大，使得大气中的温度升高，从而导致了气候的变化。为了限制碳的排放，又出现了两种新的税种……

全球温室效应日益严重

低碳生产已经成了新的生产方式，甚至是一种经济发展模式。

自20世纪起，世界从工业时代走向信息时代，经济得到飞速发展，尤其是在第二次工业革命以后，经济出现了跳跃式发展，许多国家也走出贫穷的困境。在经济发展的

过程中，燃烧石油、煤炭、柴油等矿物质，使大量的二氧化碳气体进入大气。严重的温室效应使气候也发生了变化，为了抑制这种现象，联合国组织了多次气候会议，并制定了《京都议定书》和《哥本哈根协议》，用一些法律法规来规范各国经济生产中碳的排放量。

在此之前就有过环境税，它是把生产生活中的环境污染和生态破坏中所用的社会成本，转化到产

许多国家通过征收环境税来控制碳的排放量

环境税包括：废气、大气污染税、生态税。其中，废气税目前主要征收二氧化硫的税；生态税是征收破坏生态的行为的税，比如说砍伐森林税。

品生产成本及市场价格中所应用的一种税收，谁污染了环境，谁就支付治理环境的成本。人们希望能够用这种手段约束生产者注意环保，进行节能环保生产。

现在许多国家都通过征收环境税来控制自己的碳的排放量，做到节能减排。中国也已经开始征收

▲ 碳关税会严重损坏贸易平等的原则

环境税，此外还有加拿大、芬兰、爱尔兰、美国、奥地利等国家也开始征收。希望世界各国可以共同努力，提高对低碳排放的认识，让低碳生活走遍各个角落。

还有一种与环境税相似的税种，它就是碳关税。

碳关税最早由欧盟成员国提出，目的是保护自己的商品免受不公平竞争。后来，美国也推行了碳关税。发达国家的碳关税政策隐含了贸易保护主义的倾向，对发展中国家非常不利，这是因为发展中国家科技水平落后，二氧化碳排放一时间难以达到发达国家水平，这样一来就不得不支付高额的碳关税，导致国内发展更加落后。正确的办法显而易见，发达国家应该为自己先发展一步的成果埋单，承担起帮助发展中国家减少碳排放的义务来。否则就与低碳促进时间共同发展的理念相背而行。

目前的碳关税很不合理，因此中国对此已明确表示反对。

相比较而言，碳关税成了贸易保护主义的一个借口，损害着发展中国家的利益。而环境税，实行起来将会更合理、更方便一些。尽管碳关税多到广大发展中国家的反对，但发展中国家积极研究减排技术，加快产业转型才是根本的出路，发展才是硬道理，低碳还需靠自己。

碳关税，最早由法国前总统希拉克提出，他希望欧盟国家应针对未遵守《京都议定书》的国家课征商品进口税，并提出，如果不这么做，在欧盟碳排放交易机制运行后，欧盟国家所生产的商品可能遭受不公平竞争，特别是境内的钢铁业及高能耗产业，因为这些企业在碳排放方面支付了更多的成本。

中国人的低碳生活从“吃”、“穿”开始

将废纸盒制作成储物盒

也许当你品尝着鲜美的食物时，你不曾想到食肉也会增加碳排放，也许当你穿着奢华耀眼的貂皮大衣时，你也不曾注意到这与低碳生活理念背道而驰。中国人向来讲究排场与面子，中国的食物更是五花八门、花样百出，所以中国人的生活习惯真的要从吃穿这样的细节开始改变。

低碳饮食：是由美国著名医生罗伯特·阿特金斯提出来的，它的核心是控制碳水化合物的摄入量，以消耗人体内的脂肪，从而达到减肥的效果。有证据证明，低碳饮食法有着很好的效果。

哥本哈根气候大会已经召开，低碳的理念又一次传播到世界各地。但人们对于低碳始终有一些误解，以为那是工厂企业的事。其实，“低碳”就是节能环保，它就在我们身边。每一件生活用品，都会带来碳排放，比如电脑、空调、电灯等。

低碳也存在于日常的吃穿中。

只要我们注意身边的细节，平时勤动手动脑，就可以想出一些节能环保的好方法，实现“低碳”。一般每个家庭都有很多废旧的盒子，如废纸盒，我们可以将其制作成储物盒，在里面摆放一些物件，也可以在里面放圆珠笔、铅笔、笔记本等办公用品，这

也是“低碳”。

我们人类虽然是资源的享有者，但又无时无刻不在影响着环境，保护环境刻不容缓。我们现在就应该开始从“吃”、“穿”做起，做低碳的先锋队员！

用过的水可以储存起来冲厕所

我们首先要有低碳意识。人们常说低碳，“低碳”又代表什么呢？通俗地说，“低碳”是一种生活习惯，是一种自然而然地去节约身边各种资源的习惯，只要你愿意主动去要求自己，改变自己原先不好的生活习惯，你就可以加入到低碳的行列中来。当然，低碳并不意味着就要刻意去节俭，只要你能从生活的点点滴滴做到多节约、不浪费，同样能过上舒适的“低碳生活”。

▲ 购物时使用环保袋

其次，要付出实际行动，从“吃”、“穿”开始，并不是单单地指“吃”与“穿”，它讲究的是生活中的细节，一些细微的生活习惯。

1. 循环利用水资源，用脸盆洗脸取代直接用水龙头，洗过的水可以储存起来，用来擦地板或者冲厕。另外，可以在下雨的时候用水桶去接雨水，留着备用。

2. 在日常的生活中，减少塑料袋的使用，一方面塑料袋中具有有害物质，用它来盛装东西对人体有伤害，另外还加重了对环境的污染，因此，提倡自备环保袋或者使用篮子，既环保又卫生。

3. 电力的使用，电力是日常生活中的重要能源，要低碳生活，就要尽量减少电的使用，做饭时，尽量少用电饭煲、电热水器、电饭锅等电力器具，使用液化气或者天然气，这样也能做到低碳生活。

其实，这些只是生活中你能做到低碳的简单途径。另外，还有更多途径值得你去学习、挖掘。只要你有一颗环保的心，只要你能响应低碳的号召，那么你已经成为低碳生活的先锋队员了，说得好不如做得好，从现在开始就积极宣传低碳的好处，让人人都参与到环保中来吧。

让低碳的生活成为一种习惯，让低碳的姿态永存你我的心田！我们的低碳生活应该从“吃”、“穿”开始！

中国是新能源和可再生能源增长速度最快的国家。2005 年至 2008 年，可再生能源增长 51%，年均增长 14.7%。2008 年可再生能源利用量达到 2.5 亿吨标准煤。农村有 3050 万户用上沼气，相当于少排放二氧化碳 4900 多万吨。水电装机容量、核电在建规模、太阳能热水器集热面积和光伏发电容量均居世界第一位。

低碳生活，走出困惑

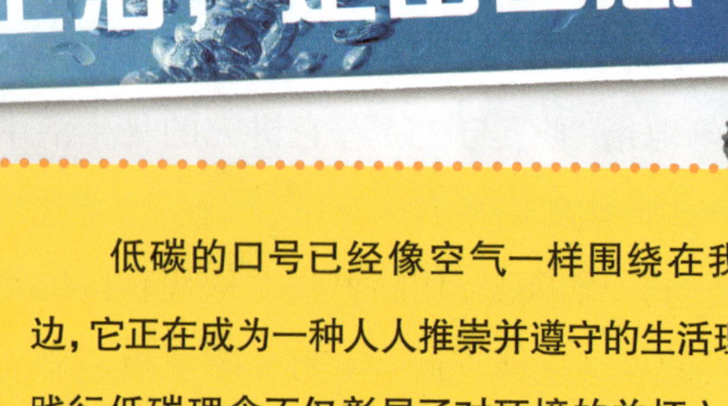
节约用电

低碳的口号已经像空气一样围绕在我们身边，它正在成为一种人人推崇并遵守的生活理念。践行低碳理念不仅彰显了对环境的关怀之心，也体现着公民的社会责任感。不过，在这一片低碳的呼声中，有时也会传来一些困惑的声音。

低碳生活的理念自倡导以来得到了人们的普遍赞同和认可，人们纷纷按照低碳理念来生产生活，在社会中形成了良好的氛围，人人都在提倡节能环保，提倡低碳生活。

低碳生活是在人们普遍关注自己所生存的地球环境的情况下出现的，是人类文明走向睿智与成熟的表现。人们已经不单单追求自己的生活享受，而向整个大自然整个地球环境看齐，用天地生命共存共享的思想来对待世界。

低碳生活得到普遍认可，现实中人们也在不停地去实践、去执行。有的公车族开始逐步放弃坐车，倾向于骑自行车，骑车在锻炼身体的同时也在践行低碳生活；少开车、少坐电梯、少开会儿电灯、少用纸巾等等都能做到低碳。

不过，有些困惑还是需要解决。

首先，低碳生活所要求的节能减排会不会使人变懒，失去追求，现在人们普遍向着高档次的生活质量追求着，而低碳生活所倡导的多骑自行车，少排放，像是要降低人们的生活质量，两者正好处于矛盾的两端。其实，人们应该反省一下，人的物质欲求并不是越多越好，经济的增长也不是越快越好，因此，低碳与发展相结合，会使得人类更有智慧，发展得更有持续性。

还有一种疑问，低碳生活能持续多久？人们对美国时间2009年12月15日，波音787梦幻客机从美国西雅图制造基地起飞，降落在英国范保罗机场，完成了首次海外夜间试飞。在这架被认为“可以彻底改变人们假日生活”的客机上，处处充满着绿色环保的元素设计。通过使用复合材料、提高引擎效率等一系列手段，新一代大客机也变得越来越环保了。

待事情常常会有三分钟的热度，刚开始做得很好，后来渐渐地就做得差一些了，往往出现虎头蛇尾的情况。倡导低碳生活是很有必要、很有意义的，怎样坚持做到底才是重要的。而且，现在只是自发地在实践着低碳生活的理念，许多人并未参与到其中，这使得低碳理念出现了断层。如果只是部分人在做，效果并不会明显。因此，还得需要广泛宣传，全社会

都应该做好相关的工作，使其立体式发展，让低碳真正走向大众，融入到寻常百姓的生活之中，这样才会使其永葆青春。

再次，低碳生活理念有实效吗？低碳生活的理论意义是强大的，是理想中的状态，现实中它有着什么样的成效呢？它的成效突出吗？这些问题的解决与否将直接影响到人们参与低碳生活的积极性，

▲ 波音787梦幻客机充满绿色环保的元素设计

如果没实效，人们又为何做它。人们需要一个成效检测系统，来及时反馈当今的低碳生活的成果，让大众觉得有实在的收益，人们的积极性才会更高。

要想所有人共同参与低碳生活并不是一朝一夕就能完成的，需要一代甚至几代人的共同努力，只有努力去做了，才会得到相应的回报，虽然现在人们还有很多困惑，但一直走下去，道路一定会越来越光明。

低碳从生活中的点滴开始，少开私家车，多坐公交车或骑自行车；随手断电，随手关水龙头（节水也节碳）；多走楼梯，少坐电梯；使用节能灯等等。